高职高专计算机类专业系列教材

数据库原理与应用快速入门

李 俊 罗勇胜 编著

西安电子科技大学出版社

内 容 简 介

本书从实用角度出发，以 MySQL 数据库管理系统为平台，系统讲解数据库的基本原理及应用技术。全书共 10 章，第 1 章介绍如何安装和配置 MySQL，第 2 章讲解数据库和数据表的创建方法，第 3 章介绍数据库常用的基本概念，第 4 章介绍查询数据的方法，第 5 章介绍更新数据的方法，第 6 章介绍其他常用数据库对象的概念和使用方法，第 7 章介绍事务管理的相关概念和实现方法，第 8 章介绍管理用户和权限的方法，第 9 章介绍数据库备份和恢复的方法，第 10 章介绍数据库设计的一般方法。书中每个章节的知识点都配套了对应的练习或操作题，便于读者巩固所学内容。

本书可作为高职高专院校软件技术、计算机网络技术、电子商务等相关专业的教材，也可作为对数据库技术感兴趣的读者的自学参考书。

图书在版编目(CIP)数据

数据库原理与应用快速入门 / 李俊，罗勇胜编著. —西安：西安电子科技大学出版社，2022.8

ISBN 978−7−5606−6542−9

Ⅰ. ① 数⋯ Ⅱ. ① 李⋯ ② 罗⋯ Ⅲ. ① 关系数据库系统—高等职业教育—教材 Ⅳ. ① TP 311.132.3

中国版本图书馆 CIP 数据核字(2022)第 119364 号

策　　划　明政珠
责任编辑　孟秋黎
出版发行　西安电子科技大学出版社(西安市太白南路 2 号)
电　　话　(029) 88202421　88201467　　　邮　　编　710071
网　　址　www.xduph.com　　　　　　　电子邮箱　xdupfxb001@163.com
经　　销　新华书店
印刷单位　陕西精工印务有限公司
版　　次　2022 年 8 月第 1 版　　2022 年 8 月第 1 次印刷
开　　本　787 毫米×1092 毫米　1/16　印张 13.5
字　　数　316 千字
印　　数　1～2000 册
定　　价　37.00 元
ISBN　978−7−5606−6542−9 / TP
XDUP 6844001−1
***如有印装问题可调换

前　　言

数据库技术研究如何高效和安全地组织、存储和管理人们在日常工作、生活中产生的大量数据，在各行各业中有广泛应用。掌握数据库技术可以帮助我们更好地理解各种信息系统的运行原理，在工作中使用数据库来处理数据也可以极大地提高工作效率。如果要进行信息系统开发，数据库技术更是必须要掌握的基础知识之一。

本书是广东省高等职业教育精品在线开放课程建设项目的成果之一，基于编者多年从事数据库教学和信息系统研发的经验，从实际应用角度出发，讲解数据库的基本原理和操作方法。本书的主要特点包括以下三个方面：

1. 从零开始、内容完整

本书面向没有任何数据库基础知识的读者，从最基本的原理和概念开始讲解，带领读者慢慢进入数据库的世界。通过本书的学习，读者将了解数据库的基本概念、数据库的创建和基本操作方法、结构化查询语言 SQL 的基本语法和应用、事务管理、安全管理、数据库备份与恢复方法以及数据库设计方法等内容。掌握这些知识，可以帮助读者应对日常的数据库操作任务，为后续知识的学习打下基础。

2. 讲练结合、注重实用

本书大部分知识点的讲解都配备了对应的上机操作案例和练习，每一个操作步骤都力求讲解详细，并配有操作截图。读者在学习了基本的知识点后，可以立即上机实践或练习，有助于加深对知识点的理解，学以致用。

3. 案例丰富、通俗易懂

书中大量使用通俗易懂的案例，降低了学习的难度。即使在没有教师指导的情况下，通过自学，读者也能掌握书中的知识。

为方便讲解和演示，本书使用 MySQL 数据库作为操练平台。只要读者掌握了本书的基本内容，快速学习其他数据库系统并非难事，这是因为基于基本关系模型的主流数据库产品的基本原理是一致的。

对于非计算机专业的学生，如果学时有限，建议学习本书第 1 章至第 5 章；如果学时充足，则可按书中的章节顺序学习。

因编者水平有限，书中难免存在疏漏，恳请读者批评指正。

编　者

2022 年 4 月

目　　录

第 1 章 认识和安装数据库

本章重点

(1) 了解数据库学什么、怎么学、有什么用；
(2) 掌握安装和配置 MySQL 数据库的操作方法；
(3) 掌握启动和登录 MySQL 数据库的操作方法。

本章难点

接受这样的观点：数据库是一门大有前途、值得下功夫学习的技术。

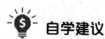

自学建议

浏览一遍本章内容，完成相关操作，策马前行。

教学建议

教师进行自我介绍、纪律宣讲、学习和考试介绍。

1.1 认识数据库基本概念

什么是数据？在信息世界里，数据不仅包括传统意义上的数字，还包括文字、符号、图形图像、音频视频等。什么是数据库？简单来说，数据库就是存放数据的仓库。正如图书存放在书库中一样，数据存放在数据库中。为了便于找书，书库中的书一定要按规律排放，同样的，为了快速检索数据，数据库中的数据也要有规律地排放。数据库在磁盘上占据一定的空间，大多数情况下表现为若干个文件。

假设某大型网站有一千万注册用户，当用户登录时，网站如何快速找到该用户的账户信息？网站采用了多种技术来实现，其中就包括数据库技术。其实，只要运行如下类似的指令，用户的账户信息就能快速被找到：

SELECT * FROM 用户表 WHERE 账号='XXXXX';

很多应用系统，如企业管理系统、银行存款和转账系统、购书网站、交友网站、图书馆借阅系统、财务管理系统等，其中关键数据的存储、检索、更新等工作都是由数据库来完成的。可以说，目前计算机在各行各业中的应用，很多都离不开数据库技术的支撑。

书库有管理员进行管理，图书馆有规章制度保障规范运作，同样的，计算机中的数据需要软件系统来操纵和管理。我们将负责组织和管理数据库的软件系统称作数据库管理系统。

目前，市场上有很多商用数据库管理系统，如 Oracle、MySQL、Microsoft SQL Server、PostgreSQL、MongoDB、Redis、IBM Db2 等。其中，Oracle 公司的 Oracle 数据库、IBM 公司的 Db2 数据库广泛应用于金融、保险、电信、跨国公司等企业级市场，与其相匹配的操作系统主要是 Unix 系统。Oracle 公司的 MySQL 数据库由于体积小、速度快、总体拥有成本低，尤其是开放源码这些特点，在一些中小型网站的开发中得到广泛应用。微软公司的 SQL Server 数据库在中小型企业具有一定的市场占有率。以加州大学伯克利分校的 Postgres 项目为基础的 PostgreSQL 凭借可靠性、强大的功能集、可扩展性及软件背后的开源社区的奉献精神赢得了良好的声誉，市场占有率越来越高。在大数据时代，MongoDB、Redis 等新兴的 NoSQL 数据库管理系统，凭借其易扩展性、大数据量处理、高性能以及灵活的数据模型等特点，已成功地在数据库领域站稳了脚跟。全球知名的数据库流行度排行榜网站 DB-Engines 对各数据库管理系统受欢迎程度进行了评分，得出了最受欢迎前十名产品的排名，如图 1-1 所示。

381 systems in ranking, November 2021

	Rank		DBMS	Database Model	Score		
Nov 2021	Oct 2021	Nov 2020			Nov 2021	Oct 2021	Nov 2020
1.	1.	1.	Oracle	Relational, Multi-model	1272.73	+2.38	-72.27
2.	2.	2.	MySQL	Relational, Multi-model	1211.52	-8.25	-30.12
3.	3.	3.	Microsoft SQL Server	Relational, Multi-model	954.29	-16.32	-83.35
4.	4.	4.	PostgreSQL	Relational, Multi-model	597.27	+10.30	+42.22
5.	5.	5.	MongoDB	Document, Multi-model	487.35	-6.21	+33.52
6.	6.	↑ 7.	Redis	Key-value, Multi-model	171.50	+0.15	+16.08
7.	7.	↓ 6.	IBM Db2	Relational, Multi-model	167.52	+1.56	+5.90
8.	8.	8.	Elasticsearch	Search engine, Multi-model	159.09	+0.84	+7.54
9.	9.	9.	SQLite	Relational	129.80	+0.43	+6.48
10.	10.	10.	Cassandra	Wide column	120.88	+1.61	+2.13

图 1-1　全球最受欢迎的十大数据库管理系统

1.2　了解学习数据库技术的意义

学习数据库技术有助于读者在工作中有更出色的表现。现在每个企业几乎都有信息系统在运作，好的企业，尤其是大型企业，几乎都有完整的管理信息系统。将来即使不从事专业技术工作，学好数据库技术，亦有助于日常工作的开展。这是因为，学习数据库技术能帮助读者深刻理解信息系统的运作机理，理解数据的采集、规范、输入、计算、传送、输出等，工作中必然能更快上手，比没有学过数据库的人更胜一筹。

在工作中使用数据库亦有助于提高工作效率。办公室中常用 Excel 等电子表格软件处理少量数据，但其难以应付数据量大的情况(如一千行、一万行甚至十万行的表)。同时，Excel 也难以应付数据种类多且不断变化的情况，如销售数据，涉及供应商、客户、商品，并且每天的销售情况都在变化。Excel 不能应付的，却正是数据库所擅长的，几十万条数据对于数据库来说，不过是小菜一碟。

学好数据库技术，就可以用数据库来处理和分析数据，如开发小型的图书管理、进销存管理、会员消费管理、财务管理、社团管理等系统，这些系统可以极大地提高工作效率。

1.3　了解学习内容与实验环境

本书用通俗易懂的语言，讲述以下几个方面的内容：
(1) 数据库基本概念，包括表、记录、字段、关系模型、键、联系、约束等。
(2) 结构化查询语言 SQL，包括数据查询、数据库操纵等。
(3) 常用数据库对象，包括视图、存储过程、触发器和常用系统函数等。
(4) 事务管理。
(5) 用户和权限管理。
(6) 数据库备份和恢复方法。
(7) 数据库设计基本方法。

为便于学习与实践，本书使用 MySQL 数据库管理系统作为学习和练习的平台。为表述方便，以下将 MySQL 数据库管理系统简称为 MySQL。MySQL 作为开源数据库管理系统，因其配置简单、稳定性强、性能优良等特点，在中小型应用系统中广受欢迎。本书安排了大量的上机实践，读者可以使用 MySQL 8 边学习边实践。

1.4　安装和配置 MySQL 数据库

1.4.1　安装 MySQL 数据库

MySQL 有多个版本，包括企业版(MySQL Enterprise Edition)、社区版(MySQL Community Server)、集群版(MySQL Cluster)和高级集群版(MySQL Cluster CGE)等。其中，社区版是开源免费的，也就是我们通常使用的 MySQL 版本；企业版需要付费使用，该版本包括了更完备的功能和技术支持；集群版可将几个 MySQL Server 封装成一个 Server，是开源免费的；高级集群版需要付费使用。

MySQL 可以在多平台上安装，包括 Windows 平台、Linux 平台、Mac OS 平台等。下面以在 Windows 平台安装 MySQL 8.0 社区版为例进行讲解。

进入 MySQL 官方网站，选择"DOWNLOADS"菜单项，找到"MySQL Community Downloads"页面，如图 1-2 所示，选择第二项"mysql-installer-community-8.0.27.1.msi"离线安装版本，单击"Download"进行下载。

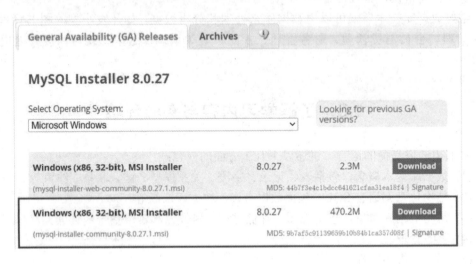

图 1-2　MySQL 下载页面

下载完成后，双击安装文件，进入"Choosing a Setup Type"窗口，选中"Developer Default"单选框，如图 1-3 所示，单击"Next"按钮。

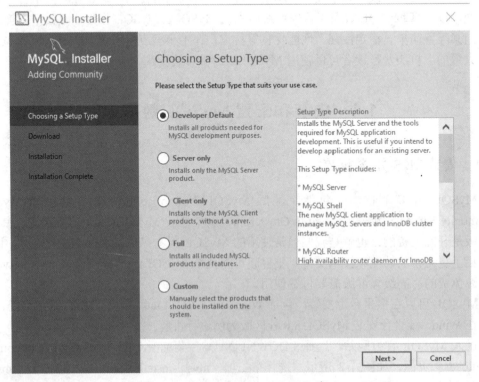

图 1-3　"Choosing a Setup Type"窗口

　　进入"Check Requirements"窗口，提示需要手动安装的组件，如图 1-4 所示，单击"Next"按钮。

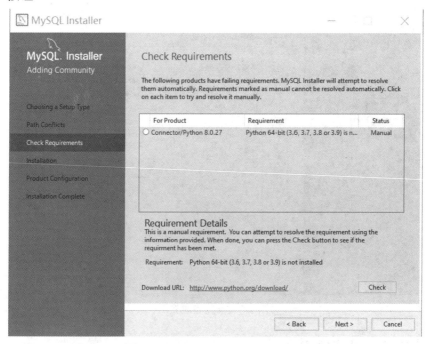

图 1-4　"Check Requirements"窗口

　　手动安装组件后，进入"Installation"窗口，单击"Execute"按钮，进行产品安装，如图 1-5 所示。安装完成界面如图 1-6 所示。

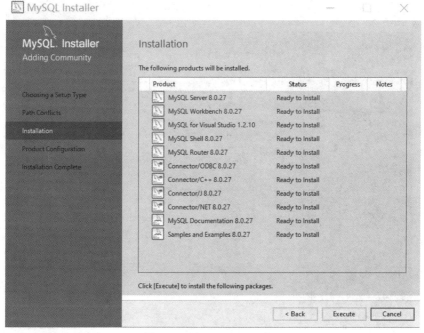

图 1-5　"Installation"窗口

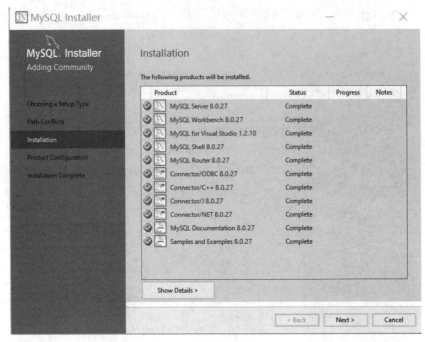

图 1-6　安装完成界面

1.4.2　配置 MySQL 数据库

安装完成后，进入 MySQL 配置阶段。在"Type and Networking"窗口选择默认配置，如图 1-7 所示，单击"Next"按钮。

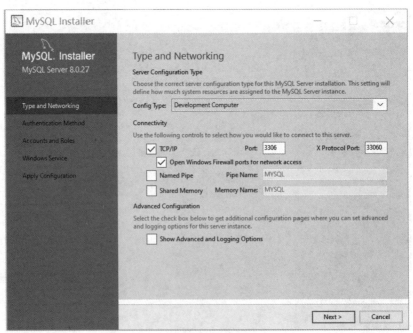

图 1-7　"Type and Networking"窗口

　　进入"Authentication Method"窗口，设置授权方式，第一项为使用 MySQL8.0 提供的新的授权方式，第二项为使用传统授权方式，保留 5.X 版本的兼容性。选择第二项如图 1-8 所示，单击"Next"按钮。

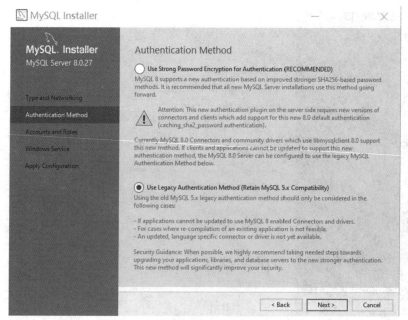

图 1-8　　"Authentication Method"窗口

　　进入"Accounts and Roles"窗口，如图 1-9 所示，设置服务器 root 账号的密码，单击"Check"按钮进行验证，通过后单击"Next"按钮。

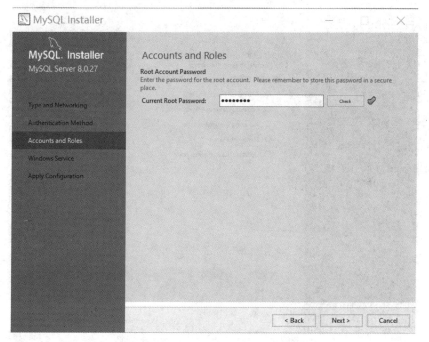

图 1-9　　"Accounts and Roles"窗口

进入"Windows Service"窗口，如图 1-10 所示，可设置 MySQL 在 Windows 系统中的服务名称，此处选择默认设置，单击"Next"按钮。

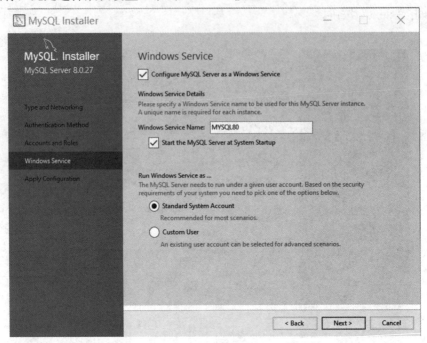

图 1-10　　"Windows Service"窗口

进入"Apply Configuration"窗口，如图 1-11 所示，选择默认设置，单击"Execute"按钮，保存设置。

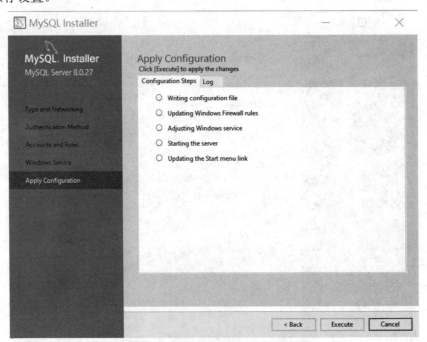

图 1-11　　"Apply Configuration"窗口

设置保存完成后，如图 1-12 所示，单击"Finish"按钮。

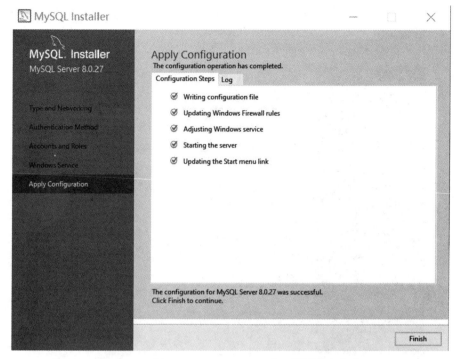

图 1-12　"Apply Configuration"窗口设置保存完成

进入"Product Configuration"窗口，如图 1-13 所示，单击"Next"按钮。

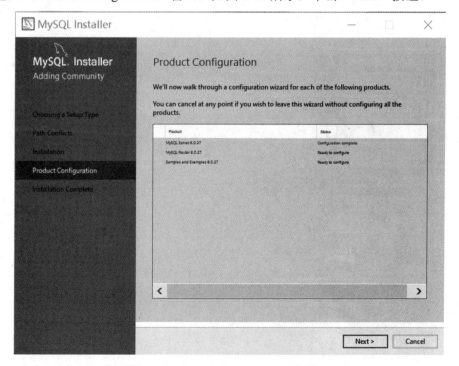

图 1-13　"Product Configuration"窗口

　　进入"Connect to Server"窗口，在"Password"文本框中输入 root 账户的密码，单击"Check"按钮，测试连接是否成功，当显示为图 1-14 所示的效果时，表示连接成功，单击"Next"按钮。

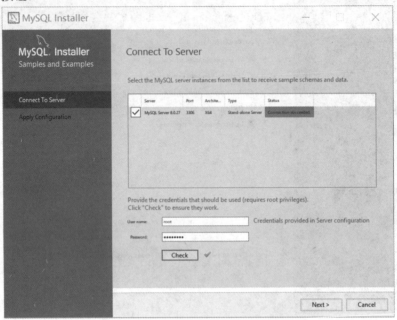

图 1-14　"Connect to Server"窗口

　　进入"Apply Configuration"窗口，如图 1-15 所示，单击"Execute"按钮，进行应用配置，配置完成后，如图 1-16 所示，单击"Finish"按钮。

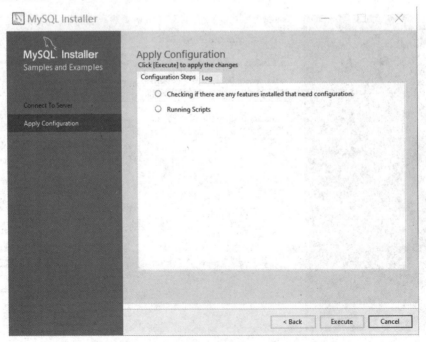

图 1-15　"Apply Configuration"窗口配置前

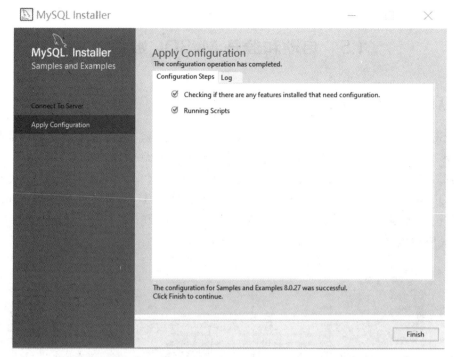

图 1-16　"Apply Configuration"窗口完成配置

　　进入"Installation Complete"窗口，如图 1-17 所示，单击"Finish"按钮，完成配置过程。

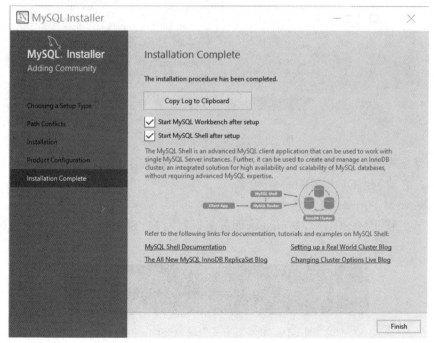

图 1-17　"Installation Complete"窗口

【练习 1-1】　尝试在自己的电脑上安装和配置 MySQL 数据库。

1.5　启动和登录 MySQL 数据库

1.5.1　启动 MySQL 服务

MySQL 安装和配置完成后，需要启动 MySQL 服务，客户端才能登录到数据库。Windows 系统中有两种启动服务的方式，即图形化方式和命令行方式。

图形化方式的操作方法为：打开"计算机管理"窗口，选择"服务"，找到名为"MYSQL80"的服务。选中 MYSQL80 服务，单击鼠标右键，弹出快捷菜单，通过选择可对其进行"启动""停止""暂停"和"重新启动"操作。选择"启动"操作，启动 MySQL 服务，完成后数据库可以正常登录，如图 1-18 所示。

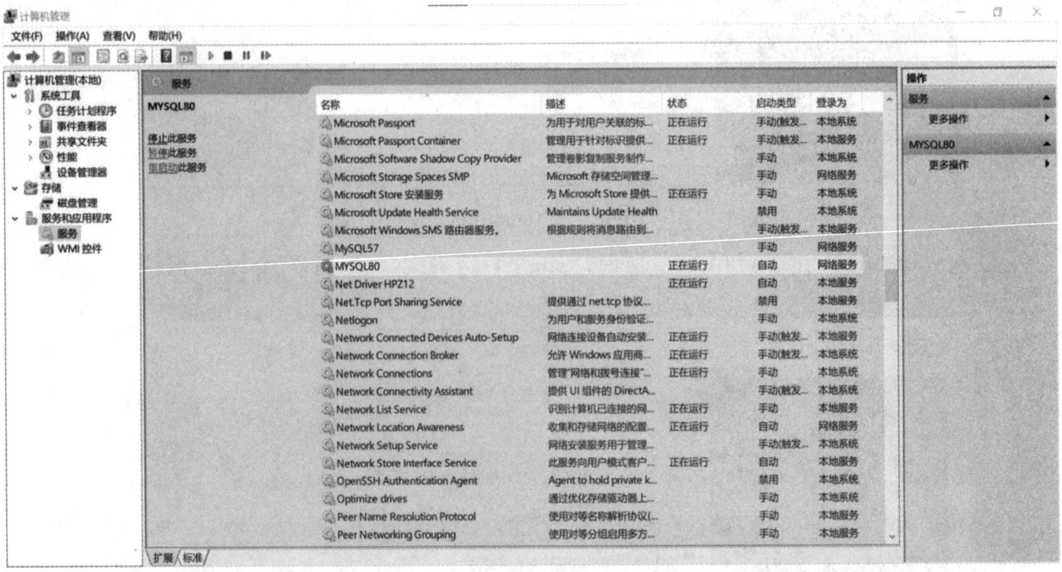

图 1-18　启动 MYSQL80 服务

命令行方式的操作方法为：右键单击开始菜单，在运行中输入"cmd"，打开命令提示符窗口。启动 MySQL 服务的命令为：

net start MySQL 服务名

上一节在配置 MySQL 时，Windows 服务名设置为 MYSQL80，命令执行结果如图 1-19 所示。

图 1-19　命令行方式启动 MySQL 服务

停止 MySQL 服务的命令为：

net stop MySQL 服务名

命令执行结果如图 1-20 所示。

```
C:\WINDOWS\system32>net stop MYSQL80
MYSQL80 服务正在停止.
MYSQL80 服务已成功停止。
```

图 1-20 停止 MySQL 服务

【练习 1-2】 尝试使用图形化方式和命令行方式启动和停止电脑中的 MySQL 服务。

1.5.2 登录 MySQL 数据库

MySQL 服务启动之后，在 Windows 系统下可以通过命令提示符窗口登录到 MySQL 数据库。操作方法为：

(1) 右键单击开始菜单，在运行中输入"cmd"，打开命令提示符窗口。

(2) 输入以下命令，切换到 MySQL 安装路径的 bin 目录下：

cd C:\Program Files\MySQL\MySQL Server 8.0\bin

(3) 输入以下命令，登录到 MySQL 数据库：

mysql -h hostname -u username -p

其中，"mysql"是登录命令；"-h"后面的参数为 MySQL 服务器的主机地址，如果客户端和服务器在同一台机器，则输入"localhost"或"127.0.0.1"；"-u"后面的参数为登录数据库的用户名，这里为 root。输入命令按"Enter"键后，系统提示输入登录用户的密码，这里输入安装数据库时设置的 root 账户密码，再次按"Enter"键，连接到 MySQL 数据库。命令执行过程如图 1-21 所示。

```
C:\WINDOWS\system32\cmd.exe - mysql  -h localhost -u root -p
Microsoft Windows [版本 10.0.19042.1348]
(c) Microsoft Corporation。保留所有权利。

C:\Users\lijun>cd C:\Program Files\MySQL\MySQL Server 8.0\bin

C:\Program Files\MySQL\MySQL Server 8.0\bin>mysql -h localhost -u root -p
Enter password: ********
Welcome to the MySQL monitor.  Commands end with ; or \g.
Your MySQL connection id is 12
Server version: 8.0.27 MySQL Community Server - GPL

Copyright (c) 2000, 2021, Oracle and/or its affiliates.

Oracle is a registered trademark of Oracle Corporation and/or its
affiliates. Other names may be trademarks of their respective
owners.

Type 'help;' or '\h' for help. Type '\c' to clear the current input statement.

mysql>
```

图 1-21 登录到 MySQL 数据库

【练习 1-3】在 Windows 系统下尝试通过命令提示符窗口命令登录到 MySQL 数据库。

1.5.3 配置 Path 变量

上节在登录 MySQL 数据库时，首先需要切换到 MySQL 安装路径的 bin 目录下，再执行登录命令。如果每次登录都要进行这个操作，显得有些烦琐。可以将 MySQL 的 bin 目录添加到 Windows 系统的环境变量中,这样以后就可以直接执行登录命令,从而简化操作。
操作方法如下:

　　(1) 右键单击桌面"此电脑"图标,选择"属性",再选择"高级系统设置",打开"系统属性"对话框,如图 1-22 所示。

图 1-22　"系统属性"对话框

　　(2) 在"系统属性"对话框中选择"高级"选项卡,单击"环境变量(N)…"按钮,打开"环境变量"对话框,如图 1-23 所示。

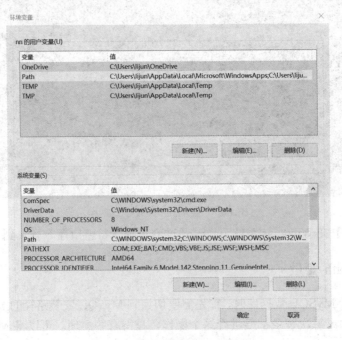

图 1-23　"环境变量"对话框

(3) 选择"系统变量"中的 Path 变量，单击"编辑"按钮，进入"编辑环境变量"对话框。单击"新建"按钮，将 MySQL 的 bin 目录 C:\Program Files\MySQL\MySQL Server 8.0\bin 添加到环境变量中，单击"确定"按钮，完成设置，如图 1-24 所示。

图 1-24　"编辑环境变量"对话框

设置完成后，在命令提示符窗口登录 MySQL 时，就无需切换到 MySQL 安装路径的 bin 目录下，直接在当前目录下输入登录命令即可完成登录，如图 1-25 所示。

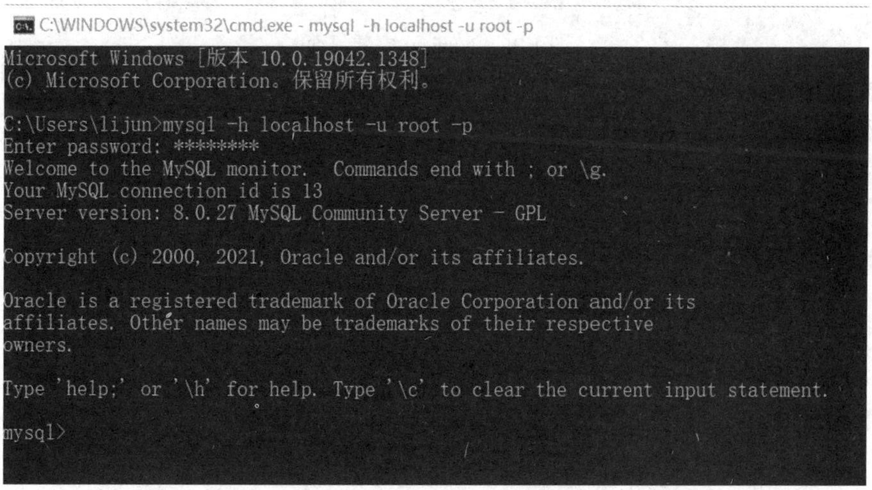

图 1-25　直接登录 MySQL 数据库

【练习 1-4】尝试将 MySQL 的 bin 目录添加到 Windows 系统的环境变量中，再次通过命令提示符窗口命令登录到 MySQL 数据库。

1.6　安装 MySQL 图形管理工具

　　MySQL 采用命令行方式对数据库进行操作和管理时，需要输入很多命令。为了方便用户使用，MySQL 也支持使用图形管理工具，方便用户在图形界面通过鼠标和键盘来操作数据库。MySQL 图形管理工具有很多，包括 MySQL 官方提供的 MySQL Workbench 和第三方工具 Navicat、SQLyog 等。其中，Navicat for MySQL 是一款强大的 MySQL 数据库管理和开发工具，它为专业开发者提供了一套强大且足够尖端的工具，而且对于新学者仍然易于学习。下面介绍 Navicat for MySQL 的安装和使用方法。

　　登录 Navicat 官网(https://www.navicat.com.cn/)，可在产品列表中找到 Navicat for MySQL 并进行下载。下载完成后，双击 Navicat 安装文件，打开安装界面开始安装，如图 1-26 所示。

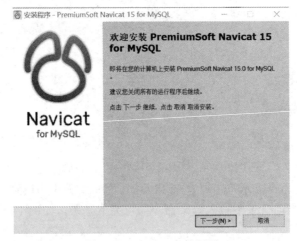

图 1-26　Navicat 安装界面

　　单击"下一步"按钮，进入"许可证"界面，如图 1-27 所示，选择"我同意"单选按钮，再次单击"下一步"按钮。

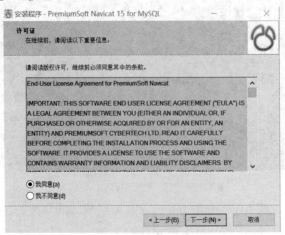

图 1-27　"许可证"界面

　　进入"选择安装文件夹"界面，如图 1-28 所示，选择软件安装位置，单击"下一步"按钮。

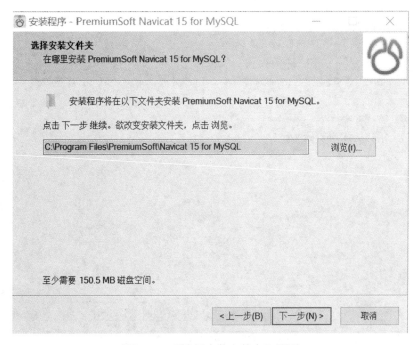

图 1-28　"选择安装文件夹"界面

　　进入"选择开始目录"界面，如图 1-29 所示，单击"下一步"按钮。

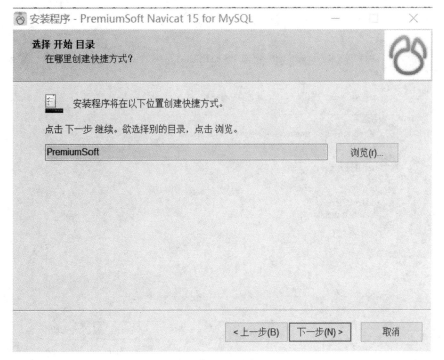

图 1-29　"选择开始目录"界面

进入"选择额外任务"界面，如图 1-30 所示，单击"下一步"按钮。

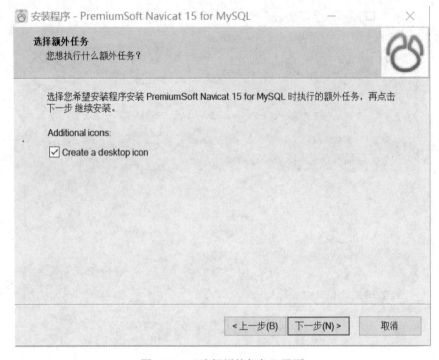

图 1-30 "选择额外任务"界面

进入"准备安装"界面，如图 1-31 所示，单击"安装"按钮。

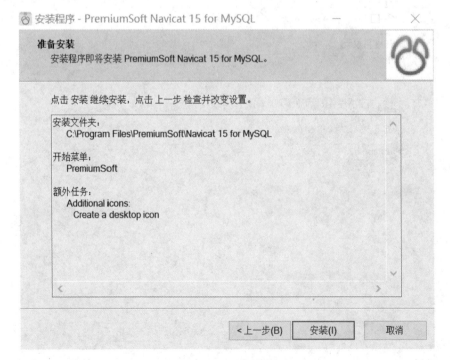

图 1-31 "准备安装"界面

Navicat 安装完成界面如图 1-32 所示。

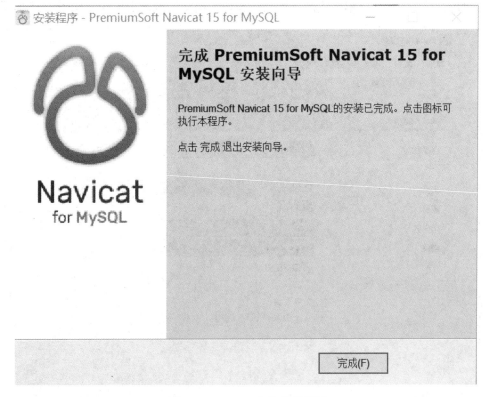

图 1-32　Navicat 安装完成界面

　　安装完成后，打开 Navicat，如图 1-33 所示，单击界面左上角的"连接"选项，在弹出菜单中选择"MySQL..."。

图 1-33　连接 MySQL

　　进入"MySQL-新建连接"对话框，在对应的文本框中输入连接名和 root 账户的登录密码，如图 1-34 所示。可单击"测试连接"按钮，测试连接是否成功，如图 1-35 所示。

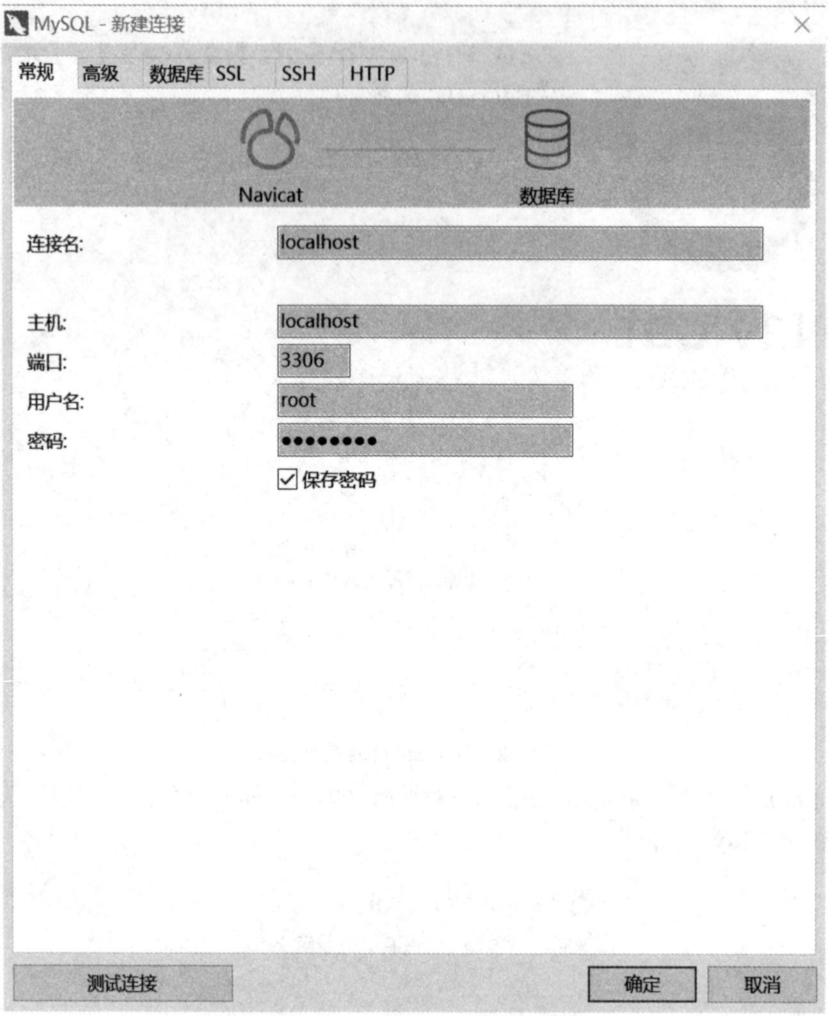

图 1-34 "MySQL-新建连接"对话框

图 1-35 连接成功

单击图 1-34 中的"确定"按钮，进入 Navicat for MySQL 主界面，如图 1-36 所示。

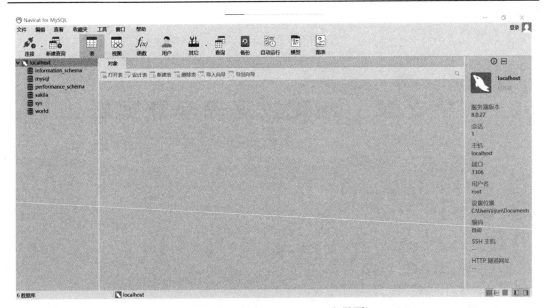

图 1-36　Navicat for MySQL 主界面

本书后续章节中将陆续介绍使用 Navicat 操作和管理 MySQL 数据库的方法。

【练习 1-5】 尝试下载和安装 Navicat for MySQL，安装成功后，使用 Navicat for MySQL 连接到当前系统的 MySQL 数据库。

第 2 章　创建数据库和数据表

本章重点

(1) 掌握数据库的基本概念，如关系、表、记录、字段等；
(2) 了解关系数据库系统；
(3) 掌握如何恰当地选择表中字段的类型和大小；
(4) 理解数据的规范；
(5) 掌握 MySQL 创建数据库、创建表的基本操作方法。

本章难点

学会以恰当的字段类型和大小设计数据表。

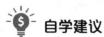

自学建议

按顺序阅读并完成练习。

教学建议

按顺序讲解，每讲一个知识点，让学生完成相关练习，老师巡查记分。关于 MySQL 的具体操作，其核心目标是让学生验证所学的数据库知识，并非为学习操作而设。

2.1　创 建 数 据 库

2.1.1　了解系统默认数据库

要保存数据，首先需要将数据库建立起来，就像要存放图书，首先需要搭建书库一样。从物理上看，一个数据库通常对应磁盘系统上的若干个文件。MySQL 安装完成后，系统中已经存在了几个默认数据库，可以使用以下命令进行查看：

```
SHOW DATABASES;
```

执行结果如图 2-1 所示。

图 2-1　查看数据库

【注意】　以上命令的结尾带有符号";"，它表示命令的结束，是 MySQL 默认的语句结束符号。我们后续学习的命令，结束时都带有";"。

图 2-1 中的默认数据库说明如下：

● information_schema 是一个信息数据库，它保存着当前 MySQL 服务器上维护的所有其他数据库的信息。information_schema 数据库提供了访问数据库元数据的方式。元数据是关于数据的数据，如数据库名或表名、列的数据类型、访问权限等。

● mysql 数据库主要负责存储数据库的用户、权限设置、关键字等 MySQL 自己需要使用的控制和管理信息。

● performance_schema 数据库主要用于收集数据库服务器性能参数信息。

● sys 数据库所有的数据源来自 performance_schema 数据库，其目标是把 performance_schema 的复杂度降低，让数据库管理员能更好地阅读这个数据库里的内容，以便更快地了解数据库的运行情况。

● sakila 数据库是一个样例数据库，包含 23 张数据表，是 MySQL 官方提供的学习 MySQL 的素材。

● world 数据库也是一个样例数据库，包含 3 张数据表。

2.1.2　创建用户数据库

如果用户需要创建新的数据库以保存自己的应用数据，可使用以下格式的命令：

　　CREATE DATABASE 数据库名;

其中，数据库名是要创建的用户数据库的名称，注意该名称不能与系统中已经存在的数据库同名。

【例 2-1】　创建一个用于学生管理的数据库 student。

操作命令如下：

　　CREATE DATABASE student;

执行结果如图 2-2 所示。

```
mysql> CREATE DATABASE student;
Query OK, 1 row affected (0.01 sec)
```

图 2-2　创建 student 数据库

　　student 数据库创建完成后，再次运行 SHOW DATABASES 命令，可见 student 数据库已存在于系统中，如图 2-3 所示。

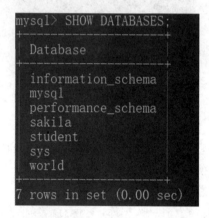

图 2-3　student 数据库中已存在

　　当使用 CREATE DATABASE 语句创建一个用户数据库时，在文件系统中，MySQL 为每个数据库在其对应的数据目录下创建一个与数据库同名的子目录，用于存储该数据库的相关数据。如果不作修改，MySQL 默认的数据目录位于 C:\ProgramData\MySQL\MySQL Server 8.0\Data 下。

　　因 MySQL 系统中存在多个数据库，用户数据库创建完成后，如果要使用该数据库，需执行以下命令选择它：

　　　　USE 数据库名;

　　【例 2-2】　选择例 2-1 中创建的 student 数据库。

　　操作命令如下：

　　　　USE student;

　　执行结果如图 2-4 所示。

```
mysql> USE student;
Database changed
```

图 2-4　选择 student 数据库

　　如果用户数据库已完成使命不需要再保留，可以将其从系统中删除。删除数据库后，其中保存的数据将一并删除，为其分配的磁盘存储空间将被回收。删除用户数据库使用以下命令：

　　　　DROP DATABASE 数据库名;

　　【例 2-3】　删除例 2-1 中创建的 student 数据库。

　　操作命令如下：

　　　　DROP DATABASE student;

执行结果如图 2-5 所示。

```
mysql> DROP DATABASE student;
Query OK, 0 rows affected (0.10 sec)
```

图 2-5　删除 student 数据库

因目前尚未向 student 数据库添加任何数据，删除 student 数据库时，操作结果显示 "0 rows affected"。

【练习 2-1】　在 MySQL 中创建用户数据库 student，创建成功后选择该数据库，然后将其删除。

2.2　创 建 数 据 表

2.2.1　了解表的结构和特点

数据库创建成功以后就可以用来存放数据了。在书库中，图书是存放在一排排的书架上，那么在数据库中，数据又是以怎样的形式保存呢？目前，主流的数据库管理系统采用二维表格的形式来保存数据。

在 2.1 节创建的 student 数据库中，存在一张 students 表(如表 2-1 所示)，它记录了学生的基本信息，包括学号 stuId、姓名 stuName、班级 class、性别 sex、出生日期 birth、电话号码 telNo、电子邮件地址 Email 和备注信息 comment。

表 2-1　students 表

stuId	stuName	class	sex	birth	telNo	Email	comment
210101001	李勇	软件技术	男	2003-9-10	28885692	Liyong@21cn.com	插班生
210101002	刘晨	软件技术	女	2003-8-6	22285568	Liuchen@126.com	
210102003	王晓敏	计算机应用	女	2003-5-30	22324912	Wangxm@21cn.com	
220102001	张丽丽	电子商务	女	2004-1-2	25661120	Zhangli@126.com	
220102002	陈耀辉	电子商务	男	2004-7-16	22883322	Chenhui@21cn.com	转校生

从表 2-1 的结构可以看出，它与我们在日常生活中很熟悉的二维表格结构相同。这样的二维表格在数据库中又被称为 "关系"。其中，表中的一行又称为关系中的一条记录，表中的一列又称为关系中的一个字段。在数据库中，表 2-2 所示的术语是等价的。以关系的形式存储数据的数据库系统称为关系数据库。

表 2-2　等价的术语

表(Table)	行(Row)	列(Column)
关系(Relation)	记录(Record)	字段(Field)

【练习 2-2】　思考表 2-1 所示的关系 "students" 包含几条记录，有几个字段？

在一个关系中，字段的名称不能重复，字段排列的先后顺序无关紧要，记录排列的先后顺序也无关紧要，但任意两条记录不能重复。

生活中我们常见如表 2-3 所示的表格结构，需要注意，这样的表格不被数据库所接受，不是关系。这是因为，关系要求每个单元格只能存放单个值，而在表 2-3 中，一个单元格"family"被分割成多个子单元，用于存放多个值。

表 2-3　family 表

stuId	stuName	sex	family			
			father	mother	brother	sister
210101001	李勇	男	李国平	王晓丽	李伟	李珊
210101002	刘晨	女	刘昭林	李玉萍		刘芳

在关系中，同一字段下的数据要求数据类型一致，所表示的语义也要一致。如表 2-1 所示的关系"students"中，字段"sex"下的数据类型是字符串，所表示的语义是学生的性别，字段"birth"下的数据类型是日期，表示的语义是学生的生日，不能是其他的含义。

为了表述方便，我们用**表名(字段名 1，字段名 2，...)**的形式来描述表的结构。表 2-1 所示的 students 表可以描述为：

students(stuId, stuName, class, sex, birth, telNo, Email, comment)

2.2.2　了解字段的数据类型

上节提到，关系中同一字段下的数据，要求数据类型一致，那么，字段有哪些数据类型呢？本节介绍 MySQL 数据库中常用的数据类型。

1. 整数类型

整数类型所表示的数据是整数，根据占用字节长度的不同，MySQL 整数类型包含 tinyint、smallint、mediumint、int/integer 和 bigint。详细信息如表 2-4 所示。

表 2-4　整数类型详细信息

类型	存储字节数	有符号数取值范围	无符号数取值范围
tinyint	1	−128～127	0～255
smallint	2	−32 768～32 767	0～65 535
mediumint	3	−8 388 608～8 388 607	0～16 777 215
int/integer	4	−21 474 483 648～2 147 483 647	0～4 294 967 295
bigint	8	−9 223 372 036 854 775 808～ 9 223 372 036 854 775 807	0～18 446 744 073 709 551 615

tinyint 型整数数据的默认显示宽度为 4 位数字；smallint 型整数数据的默认显示宽度为 6 位数字；mediumint 型整数数据的默认显示宽度为 9 位数字；int 和 integer 类型字节数和取值范围相同，使用上是一样的，数据默认显示宽度为 11 位数字；bigint 型整数数据的默认显示宽度为 20 位数字。显示宽度与数据类型的取值范围无关，只是指定 MySQL 最大可以显示的数字个数，数字个数小于显示宽度时以空格补齐，大于显示宽度时，只要没有超过该数据类型的取值范围，依然能够显示出来。

在实际应用中，如果关系的某一字段保存的数据是整数，读者应该预先估计该列数据可能的取值范围，将该范围与以上整数类型的取值范围进行比较，选择范围最接近又没有超出的那一种类型，这样做可以节省数据的存储空间。

2. 小数类型

如果数据是小数，则需要用小数类型来表示。MySQL 中的小数类型包含浮点数和定点数两类。

浮点数类型包含 float 和 double 两种，其中，float 是单精度浮点数，double 是双精度浮点数。详细信息如表 2-5 所示。

表 2-5 浮点数类型详细信息

类型	存储字节数	有符号数取值范围	无符号数取值范围
float	4	$-3.402\,823\,466\text{E}+38\sim$ $-1.175\,494\,351\text{E}-38$ 和 0 和 $1.175\,494\,351\text{E}-38\sim$ $3.402\,823\,466\,351\text{E}+38$	0 和 $1.175\,494\,351\text{E}-38\sim$ $3.402\,823\,466\text{E}+38$
double	8	$-1.797\,693\,134\,862\,315\,7\text{E}+308$ $\sim-2.225\,073\,858\,507\,201\,4\text{E}-308$、0 和 $2.225\,073\,858\,507\,201\,4\text{E}-308\sim$ $1.797\,693\,134\,862\,315\,7\text{E}+308$	0 和 $2.225\,073\,858\,507\,201\,4\text{E}-308\sim$ $1.797\,693\,134\,862\,315\,7\text{E}+308$

定点数类型为 decimal 型，其取值范围与浮点数 double 型相同。但 decimal 型在使用时，需指定其精度和小数数位，使用格式为：

decimal(p,d)

其中，参数 p 代表精度，即数据的最大总位数；d 代表数据的最大小数位数。p 的取值范围为 1~65，d 的取值范围为 0~30 并且 d≤p。p 的默认值为 10，d 的默认值为 0。decimal 型数据存储的字节数为 p+2。

例如，如果用 decimal 型表示数据 28.53，可使用 decimal(4,2)；如要使用 decimal(4,2) 表示数据 28.536，数据库会截取数据，实际保存的还是 28.53。

在 MySQL 中，定点数以字符串形式存储，提供了更高的精度。在对数据精度要求比较高的情况下(如表示货币、科学数据时)，优先使用 decimal 类型。

3. 日期和时间类型

如果需要在数据库中存储日期和时间数据，则需要使用日期和时间类型。MySQL 中日期和时间类型包括 year、date、time、datetime、timestamp。详细信息如表 2-6 所示。

表 2-6 日期和时间类型详细信息

类型	存储字节数	取值范围	使用格式
year	1	1901~2155	YYYY
date	3	1000-01-01~9999-12-31	YYYY-MM-DD
time	3	−838:59:59~838:59:59	HH:MM:SS
datetime	8	1000-01-01 00:00:00 ~9999-12-31 23:59:59	YYYY-MM-DD HH:MM:SS
timestamp	4	1970-01-01 00:00:01 UTC~ 2038-01-19 03:14:07 UTC	YYYY-MM-DD HH:MM:SS

在实际使用中，有一些需要用日期和时间来表示的数据，如人的出生日期、网上购物的下单日期、图书馆借书的借阅日期等，可根据需要表示的日期和时间的范围和格式，合理选择以上类型。如果插入的数据的值超过了表 2-6 所示的取值范围，系统会报错并将零值插入数据库。

这里对 time 类型的取值范围做一些说明。一天只有 24 个小时，而 time 类型取值范围为-838:59:59～838:59:59，小时部分为何如此之大呢？这是因为，time 类型不仅可以表示一天内的时间，还可以表示某个事件过去的时间，或者两个事件之间的时间间隔，这样就可能会超过 24 小时。

timestamp 类型取值范围中的 UTC 代表世界标准时间，该类型数据在存储时是以世界标准时间格式存储的。

4. 字符串类型

字符串类型是数据库中最常用的数据类型，用来存储各种文字、数字符号、特殊符号，也可以存储图片和声音的二进制数据。MySQL 中的字符串类型包括 char、varchar、tinytext、text、mediumtext、longtext、enum、set 等。字符串类型的数据在使用时需要加上一对单引号括起来。详细信息如表 2-7 所示。

表 2-7　字符串类型详细信息

类　型	说　明	取值范围
char(n)	表示长度为 n 个字节的非二进制固定长度字符串	n 的值在 1～255 之间
varchar(n)	表示长度为 n 个字节的非二进制可变长度字符串	n 的值在 1～65 535 之间
tinytext	表示非常短的文本	0～255 字节
text	表示文本	0～65 535 字节
mediumtext	表示中等长度的文本	0～16 777 215 字节
longtext	表示长文本	0～4 294 967 295 字节
enum	表示枚举类型	其取值列表最多可以有 65 535 个值
set	表示字符串，其值可以取列表中的一个或多个	其值为最多能有 64 个元素构成的组合

char(n) 和 varchar(n) 分别表示固定长度和可变长度的字符串，二者有何区别呢？以字符串'abc'为例，其实际长度为 3。如果用 char(5) 表示它，系统中实际存储的字符串是'abc '，后面增加了两个空格以保证其长度达到 5。如果用 varchar(5) 表示它，系统中实际存储的字符串就是'abc'，后面再加上 1 个字节保存字符串结束标识符。也就是说，char(n) 是固定长度为 n 的字符串，如果存储的字符串长度小于 n，其后会以空格补充，直至长度达到 n；varchar(n) 是可变长度字符串，系统会按字符串的实际长度进行存储，只要长度没有超过 n。

tinytext、text、mediumtext、longtext 类型属于特殊的字符串类型，用于保存文章、评论、简历、新闻等内容，它们允许表示的字符串长度依次增大，实际使用时，读者可根据需求进行适当选取。

enum 类型表示枚举类型，使用时要以列表的形式指定其取值范围，格式如下：

字段名 enum('值 1','值 2', ..., '值 n')

其中，字段名表示要定义的字段；值 n 表示列表中的第 n 个值，最多可以有 65 535 个值。enum 类型的字段在取值时只能从列表中选取一个值。列表中的每个值对应一个编号，分别是 1，2，…，n，系统在存储 enum 类型字段的数据时，实际存储的就是对应的编号。enum 类型字段如果没有填充数据，系统将以默认值填充。如果该字段不允许取空值(NULL)，则默认值为列表中的第一个值；如果该字段允许取空值(NULL)，则默认值为空值。

　　set 类型字段的定义格式与 enum 类型相似，要以列表的形式指定其取值范围，格式如下：

　　　　字段名　set('值 1','值 2', ..., '值 n')

其中，字段名表示要定义的字段，值 n 表示列表中的第 n 个值。与 enum 类型不同的是，字段在取值时可以从列表中选取一个或多个值，最多可以是 64 个值构成的组合。取多个值时，值之间用逗号分隔。

5. 二进制类型

　　二进制类型用于存储二进制字符串。MySQL 中的二进制类型包括 bit、binary、varbinary、tinyblob、blob、mediumblob 和 longblob。详细信息如表 2-8 所示。

表 2-8　二进制类型详细信息

类　型	说　明	取值范围
bit(n)	表示长度为 n 个字节的二进制位字段值	n 的值在 1~64 之间，默认值为 1
binary(n)	表示长度为 n 个字节的二进制固定长度字符串	n 的值在 0~255 之间
varbinary(n)	表示长度为 n 个字节的二进制可变长度字符串	n 的值在 1~65 535 之间
tinyblob	表示非常小的 blob	0~255B
blob	表示小的 blob	0~65 535B
mediumblob	表示中等大小的 blob	0~16 777 215B
longblob	表示非常大的 blob	0~4 294 967 295B

　　bit 类型是位字段类型。如果 bit(n)存储的值的长度小于 n，则值的左边用 0 填充。例如，以二进制数保存十进制数 13，可以定义为 bit(4)，因为 13 的二进制数为 1101，正好可以存下。

　　binary 和 varbinary 与 char 和 varchar 类型有点类似，不同的是 binary 和 varbinary 存储的是二进制的字符串，而非字符型字符串。也就是说，binary 和 varbinary 没有字符集的概念，对其排序和比较都是按照二进制值进行对比。

　　tinyblob、blob、mediumblob 和 longblob 类型主要用于以二进制字符串形式存储图片、音频等信息，它们允许表示的二进制字符串长度依次增大，实际使用时，可根据需求进行适当选取。

　　了解了 MySQL 中的数据类型，在实际使用中，应根据需要表示的数据的情况，在创建表时，要为表中的字段选择合适的数据类型。

　　确定字段数据类型的重要原则是：根据该字段将进行怎样的操作，以及数据的实质意义来确定字段数据类型。

　　如果字段要进行算术运算，则以数值型为宜，可根据实际情况选用整数型、定点数或浮点数，如身高、长度、个数、重量等。浮点数中，double 类型的精度比 float 类型高，如果数据要求存储精度较高时应选择 double 类型。浮点数相对于定点数而言，在长度一定的情况下可以表示更大的数据范围。但浮点数容易产生误差，对数据精度要求非常高的情况下，建议使用定点数 decimal 来表示。

在表示日期和时间时，如果字段记录的是年份，则使用 year 类型；如果字段记录的是日期，则使用 date 类型；如果字段记录的是时间，则使用 time 类型；如果要同时记录日期和时间，则根据日期时间的取值范围，选择 datetime 或者 timestamp 类型。

如果字段用于表示文字信息，则以字符串型为宜，如地址、名称、电话、邮编等。如果字段是大量的文本，可用 text 类型。系统对 char 类型的处理速度比 varchar 类型快，但 char 类型比较浪费存储空间。如果数据量不大，但要求处理速度快，可以使用 char 类型，反之则应使用 varchar 类型。在需要从多个值中选择一个值时，可以使用 enum 类型，如性别字段，只能从"男""女"中选择一个。在需要从多个值中选择多个值时，可以使用 set 类型，如表示人的兴趣爱好。

如果字段表示的是二进制字符串，则应该从二进制类型中进行适当的选取。

确定字段大小的重要原则是：根据该字段的数据最有可能出现的最大值来确定。比如身高，如果精确到厘米，身高一般不会超出 255cm，则可用 tinyint 来表示；成绩，如果最高不超过 100 分，并且可能有两位小数，则可用 decimal(5, 2)；地址可用 nvarchar(30)；中国人的姓名，最长不超过 5 个汉字，则可用 char(10)来表示(注意，char(1)只能保存一个单字节字符，如英文字母，因为一个汉字至少要 2 个字节，所以 char(2)才能保存一个汉字)。

表 2-9 列出了常用字段推荐的类型和大小。在表的设计中可以参照此表来确定字段的类型和大小。

表 2-9　常用字段的类型和大小

字　段	类型和大小	说　明
出生年月日、节日、入职日期	date	
上课时间、开会时间、报警时间	datetime, timestamp	根据精度和范围要求，适当选用一个
身高	int, smallint, tinyint decimal(5,2)	根据数据单位，从中适当选一个
姓名	char(10), varchar(10)	中国人的姓名，一般不超过 5 个汉字。如果在外企，或少数民族等有特例，可用 char(k)或 varchar(k)，k 取一个恰当的数
姓	char(4), varchar(4)	注意有复姓
名	char(6), varchar(6)	姓名之名
称呼	char(6), varchar(6)	先生、女士之类
底薪、奖金、收入、年金、预算、价格、总金额	float, double, decimal(p,d)	表示钱一类的，根据实际情况选一种类型
性别	bit, char(2), enum	如果想用 1 代表男，0 代表女，可用 bit 型；如果直接使用"男""女"，可选用 char(2)。为使数据更准确，也可以使用枚举类型 enum

续表

字　段	类型和大小	说　明
婚姻状态	tinyint，char(4)	表达已婚、未婚、离婚、再婚、丧偶等各种状态。如果用数字来代表各状态，则可用 tinyint 类型
家庭人数	tinyint	家庭人数不会超过 255 且一定是正数
长途区号	char(4)	0797、021、010 之类
家庭电话、单位电话、传真	char(8)	电话不会用来计算，但可能会用来模式匹配。比如，一般前 3 个数字表明是同一个电话局的(注意这里只含电话本身，不包括区号、国家代码之类)
手机号码	char(11)	手机号码为 11 位，但如果升位就不适用了
省份	char(6)	如内蒙古，广东之类
城市	char(10)，varchar(10)	因为不知道全国城市命名情况，可以稍微设长一些
地址	varchar(40)	地址可长可短，适当设置长一点
邮编	char(6)	邮编是固定长度的字符
身份证号	char(18)	身份证是 18 位固定长度的
微信号	char(12)，varchar(12)	
Email	varchar(50)	Email 长短不一，故不用 char(50)
联络信息	varchar(255)	想把电话、微信号、手机号等全部放在一个字段内
密码	char(k)	根据密码长度确定字符长度取值
工号、单号、部门编号、学号	char(k)	根据实际情况确定 k。比如，工厂只有 1 000 人，则用 char(5)足矣，但如果有 9 000 人，则应该用 char(6)
公司名称、书名、地名	varchar(40)	
计量单位	char(6)	米、立方米、公斤之类
图书借阅流水号	bigint　identity(1,1)	在 bigint 的整数范围内，自动产生 1，2，3，…这样的序列数字
网站地址、网页地址	varchar(255)	地址长短不一
课程学分	decimal(3,1)	3.5、10.5、4 之类的数字
频率(MHz)	decimal(12, 6)	以 MHz 为单位
头像图片	blob	如果图像较小，可考虑 varbinary 或 binary
求职信	text	把整封求职信放入数据库内
单据备注	varchar(255)	不确定长度的少量文字

【例 2-4】 分析表 2-1 所示的 students 数据表的结构和数据，确定该表各字段的数据类型。

从表 2-1 可知，students 数据表包含 8 个字段，分别表示学生的学号、姓名、班级、性别、出生日期、联系电话、Email 和备注信息。根据数据的表现形式和长度，确定各字段的数据类型如表 2-10 所示。

表 2-10　students 表字段的数据类型

字段名	数据类型
stuId	char(9)
stuName	varchar(10)
class	varchar(30)
sex	enum
birth	date
telNo	varchar(15)
Email	varchar(50)
comment	varchar(100)

【练习 2-3】student 数据库中,除了 students 表用于记录学生的信息,还有一张 courses 表记录课程的信息, 一张 sc 表记录学生选修课程的情况。courses 表如表 2-11 所示,包含课程号 corId、课程名 corName、学时 period、学分 credit 四个列。sc 表如表 2-22 所示,包含学号 stuId、课程号 corId、成绩 score 和选课日期 strDate 四个列。请分析这两张表的结构和数据,确定各字段的数据类型。

表 2-11　courses 表

corId	corName	period	credit
001	数据库	72	4
002	数学	72	4
003	英语	63	3.5
004	操作系统	54	3
005	数据结构	54	3
006	软件工程	36	2
007	计算机网络应用	54	3

表 2-12　sc 表

stuId	corId	score	strDate
210101001	001	85	2022-2-1
210101001	004	90	2022-9-1
210101001	005	55	2022-9-1
210101002	001	62	2022-2-1
210101002	002	76	2022-9-1
210102003	001	50	2022-2-1
210102003	003	93	2022-9-1
220102001	002	55	2022-9-1
220102002	007	85	2022-9-1

2.2.3　创建表操作

从前面两节我们知道,在关系数据库中数据是保存在表里的,因此,要将数据存入数据库，应该首先建立数据表。创建表之前，要使用"USE 数据库名"命令选择数据库，指定将表保存在哪个数据库中。

创建表的语法格式如下：

```
CREATE TABLE  表名
(
    列名 1  数据类型 [列级约束条件][默认值],
    列名 2  数据类型 [列级约束条件][默认值],
    ......[表级约束条件]
);
```

其中，表名和列名不区分大小写，但不能使用系统关键字。如果表包含多个列，用逗号隔开。列的数据类型根据数据的实际情况从上节介绍的数据类型中合理选取。列级约束条件、默认值和表级约束条件用"[]"括起，表示可以省略，关于它们的使用将在第 3 章中进行讲解。

【例 2-5】　在数据库 student 中创建数据表 students，建表命令如下：

(1) 选择 student 数据库命令如下：

```
USE students;
```

(2) 创建数据表 students 命令如下：

```
CREATE TABLE students
(
    stuId char(9),
    stuName varchar(10),
    class varchar(30),
    sex enum('男','女'),
    birth date,
    telNo varchar(15),
    Email varchar(50),
    comment varchar(100)
);
```

命令运行结果如图 2-6 所示。

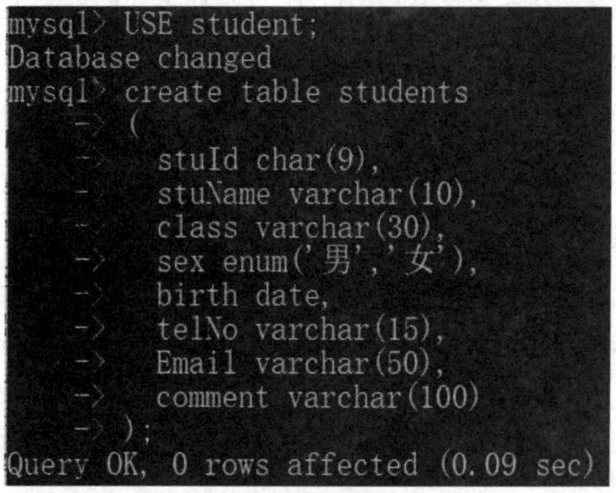

图 2-6　创建数据表 students

【练习2-4】　在数据库 student 中创建数据表 courses 和 sc。

2.2.4　查看和修改表

数据表创建完成后，可以通过 DESCRIBE 语句来查看表的结构。因为数据库是一个多用户系统，并非所有数据表都是由当前用户创建的，要查看和使用其他用户创建的表，就必须首先了解表的结构。

DESCRIBE 语句的语法格式如下：

DESCRIBE 表名;

也可写作：

DES 表名;

【例2-6】　使用 DESCRIBE 语句查看数据表 students 的结构。

命令为：

DESCRIBE students;

或简写为：

DES students;

命令运行结果如图 2-7 所示。

```
mysql> DESCRIBE students;
+---------+---------------+------+-----+---------+-------+
| Field   | Type          | Null | Key | Default | Extra |
+---------+---------------+------+-----+---------+-------+
| stuId   | char(9)       | YES  |     | NULL    |       |
| stuName | varchar(10)   | YES  |     | NULL    |       |
| class   | varchar(30)   | YES  |     | NULL    |       |
| sex     | enum('男','女')| YES  |     | NULL    |       |
| birth   | date          | YES  |     | NULL    |       |
| telNo   | varchar(15)   | YES  |     | NULL    |       |
| Email   | varchar(50)   | YES  |     | NULL    |       |
| comment | varchar(100)  | YES  |     | NULL    |       |
+---------+---------------+------+-----+---------+-------+
8 rows in set (0.02 sec)
```

图 2-7　查看数据表 students 的结构

图 2-7 中，Field 列表示 students 表的列名，Type 列表示 students 表对应列的数据类型，Null 列表示 students 表该列是否能为空，Key 列表示 students 表该列是否为键(下节将作讲解)，Default 列表示 students 表该列是否有默认值，Extra 列用于显示额外信息。

如果要调整已经存在于数据库中的表的结构，则需要使用修改表命令。修改表包括修改表名、修改字段名和数据类型、增加字段、删除字段等。下面分别进行介绍。

1. 修改表名

修改表名的命令语法结构如下：

ALTER TABLE 旧表名 RENAME [TO] 新表名;

其中，参数 TO 是可选的，写与不写不影响命令的执行。修改表名时需注意，同一个数据库中每个表的名称应该是唯一的，不能出现重名的情况。

【例2-7】将 student 数据库中的 sc 数据表名称修改为 stu_cor。

命令为：

ALTER TABLE sc RENAME stu_cor;

命令运行结果如图 2-8 所示。

```
mysql> ALTER TABLE sc RENAME stu_cor;
Query OK, 0 rows affected (0.04 sec)
```

图 2-8　修改数据表名

此时，可使用 SHOW TABLES 命令来查询 student 数据库中包含的数据表的情况，运行结果如图 2-9 所示。

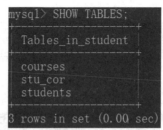

图 2-9　student 数据库中的数据表

2. 修改字段名和数据类型

修改字段名的命令语法结构如下：

ALTER TABLE 表名 CHANGE 旧字段名 新字段名 新数据类型；

其中，旧字段名和新字段名分别表示修改前后的字段名称，新数据类型表示字段名修改后，该字段的数据类型。新数据类型可以和原来该字段的数据类型一样，但此处不可以省略。

【例 2-8】修改 student 数据库中的数据表 students，将字段 birth 名称修改为 birthday，数据类型保持不变。

命令为：

ALTER TABLE students CHANGE birth birthday date；

命令运行结果如图 2-10 所示。

```
mysql> ALTER TABLE students CHANGE birth birthday date;
Query OK, 0 rows affected (0.04 sec)
Records: 0  Duplicates: 0  Warnings: 0
```

图 2-10　修改字段名

修改字段名后，数据表 students 的结构如图 2-11 所示。

```
mysql> DESC students;
+-----------+---------------+------+-----+---------+-------+
| Field     | Type          | Null | Key | Default | Extra |
+-----------+---------------+------+-----+---------+-------+
| stuId     | char(9)       | YES  |     | NULL    |       |
| stuName   | varchar(10)   | YES  |     | NULL    |       |
| class     | varchar(30)   | YES  |     | NULL    |       |
| sex       | enum('男','女')| YES  |     | NULL    |       |
| birthday  | date          | YES  |     | NULL    |       |
| telNo     | varchar(15)   | YES  |     | NULL    |       |
| Email     | varchar(50)   | YES  |     | NULL    |       |
| comment   | varchar(100)  | YES  |     | NULL    |       |
+-----------+---------------+------+-----+---------+-------+
8 rows in set (0.00 sec)
```

图 2-11　数据表 students 的结构

如果不需要修改字段名，仅对字段的数据类型进行修改，可使用如下命令：

ALTER TABLE 表名 MODIFY 字段名 数据类型;

【例 2-9】 修改 student 数据库中的数据表 students，将字段 comment 的数据类型修改为 varchar(80)。

命令为：

ALTER TABLE students MODIFY comment varchar(80);

命令运行结果如图 2-12 所示。

```
mysql> ALTER TABLE students MODIFY comment varchar(80);
Query OK, 0 rows affected (0.07 sec)
Records: 0  Duplicates: 0  Warnings: 0
```

图 2-12　修改字段的数据类型

修改字段的数据类型后，数据表 students 的结构如图 2-13 所示。

```
mysql> DESC students;
+---------+---------------+------+-----+---------+-------+
| Field   | Type          | Null | Key | Default | Extra |
+---------+---------------+------+-----+---------+-------+
| stuId   | char(9)       | YES  |     | NULL    |       |
| stuName | varchar(10)   | YES  |     | NULL    |       |
| class   | varchar(30)   | YES  |     | NULL    |       |
| sex     | enum('男','女')| YES  |     | NULL    |       |
| birthday| date          | YES  |     | NULL    |       |
| telNo   | varchar(15)   | YES  |     | NULL    |       |
| Email   | varchar(50)   | YES  |     | NULL    |       |
| comment | varchar(80)   | YES  |     | NULL    |       |
+---------+---------------+------+-----+---------+-------+
8 rows in set (0.00 sec)
```

图 2-13　数据表 students 的结构

在对字段的数据类型进行修改时需要注意，因不同类型和长度的数据在数据库中存储的方式不同，如果表中已保存有数据，那么修改字段的数据类型会对现有的数据存储造成影响，应尽量避免对已有数据的表进行字段数据类型的修改。

3. 增加字段

如果需要在已经存在的数据表中增加字段，可使用以下格式的命令：

ALTER TABLE 表名 ADD 新字段名 数据类型 [约束条件] [FIRST|AFTER 已存在的字段名]

其中，新字段名表示要增加的字段名称，其后的数据类型指定该字段的数据类型；约束条件是可选的，将在下一节进行讲解；FIRST 表示新增加的字段位于表中的第一列，AFTER 表示将新字段放在已存在的指定字段后面，这两项也是可选的，如果不指定位置，新增加的字段将位于表的最后一列。

【例 2-10】 对 student 数据库中的数据表 students 增加一个字段 school，表示学生所在的学校，数据类型为 varchar(40)，该字段位于 stuName 列之后。

命令为：

ALTER TABLE students ADD school varchar(40) AFTER stuName;

命令运行结果如图 2-14 所示。

```
mysql> ALTER TABLE students ADD school varchar(40) AFTER stuName;
Query OK, 0 rows affected (0.14 sec)
Records: 0  Duplicates: 0  Warnings: 0
```

图 2-14　对表增加字段

字段增加后，数据表 students 的结构如图 2-15 所示，可以看到字段 school 就位于字段 stuName 的后面。

```
mysql> DESC students;
+---------+--------------+------+-----+---------+-------+
| Field   | Type         | Null | Key | Default | Extra |
+---------+--------------+------+-----+---------+-------+
| stuId   | char(9)      | YES  |     | NULL    |       |
| stuName | varchar(10)  | YES  |     | NULL    |       |
| school  | varchar(40)  | YES  |     | NULL    |       |
| class   | varchar(30)  | YES  |     | NULL    |       |
| sex     | enum('男','女') | YES |     | NULL    |       |
| birthday| date         | YES  |     | NULL    |       |
| telNo   | varchar(15)  | YES  |     | NULL    |       |
| Email   | varchar(50)  | YES  |     | NULL    |       |
| comment | varchar(80)  | YES  |     | NULL    |       |
+---------+--------------+------+-----+---------+-------+
9 rows in set (0.01 sec)
```

图 2-15 数据表 students 的结构

说明：此例中，如果将命令改为 ALTER TABLE students ADD school varchar(40)，则增加的字段 school 将位于表的最后一列；如果将命令改为 ALTER TABLE students ADD school varchar(40) FIRST，则增加的字段 school 将位于表的第一列。

4. 删除字段

删除表中字段的命令语法格式如下：

ALTER TABLE 表名 DROP 字段名;

【例 2-11】 将例 2-10 中增加的字段 school 从数据表 students 中删除。

命令为：

ALTER TABLE students DROP school;

命令运行结果如图 2-16 所示。

```
mysql> ALTER TABLE students DROP school;
Query OK, 0 rows affected (0.12 sec)
Records: 0  Duplicates: 0  Warnings: 0
```

图 2-16 删除表中字段

删除字段后，数据表 students 的结构如图 2-17 所示。

```
mysql> DESC students;
+---------+--------------+------+-----+---------+-------+
| Field   | Type         | Null | Key | Default | Extra |
+---------+--------------+------+-----+---------+-------+
| stuId   | char(9)      | YES  |     | NULL    |       |
| stuName | varchar(10)  | YES  |     | NULL    |       |
| class   | varchar(30)  | YES  |     | NULL    |       |
| sex     | enum('男','女') | YES |     | NULL    |       |
| birthday| date         | YES  |     | NULL    |       |
| telNo   | varchar(15)  | YES  |     | NULL    |       |
| Email   | varchar(50)  | YES  |     | NULL    |       |
| comment | varchar(80)  | YES  |     | NULL    |       |
+---------+--------------+------+-----+---------+-------+
8 rows in set (0.01 sec)
```

图 2-17 数据表 students 的结构

【练习 2-5】 尝试运行本节的各案例，完成对数据表 students 的查看和修改。

2.2.5　删除数据表

如果数据表不需要再保存在数据库中，可以将它删除。删除表时，表结构的定义和表中的数据将一并删除。删除数据表的命令语法结构如下：

　　DROP TABLE 表名;

【例 2-12】 将 student 数据库中的 students 数据表删除。

命令为：

　　DROP TABLE students;

命令运行结果如图 2-18 所示。

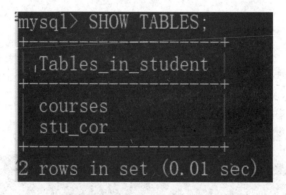

图 2-18　删除数据表

此时，使用 SHOW TABLES 命令来查询 student 数据库中包含的数据表的情况，运行结果如图 2-19 所示。

```
mysql> SHOW TABLES;
+-------------------+
| Tables_in_student |
+-------------------+
| courses           |
| stu_cor           |
+-------------------+
2 rows in set (0.01 sec)
```

图 2-19　student 数据库中的数据表

【练习 2-6】 尝试运行例 2-10，删除 students 数据表。

2.2.6　向表添加数据

为方便后续操作，我们首先使用 MySQL 图形化工具 Navicat 向数据库中添加部分数据。Navicat 的下载与安装详见 1.6 节。

【例 2-13】 使用 Navicat 连接 MySQL，向 student 数据库中的三张数据表 students、courses、sc 分别添加表 2-1、2-11、2-12 中的数据。

操作步骤为：

(1) 启动 Navicat，连接到 MySQL，进入主界面。在左边导航窗格中选择 student 数据库，展开表，可以看到此时数据库中包含 courses、sc、students 三张表。如图 2-20 所示。

图 2-20　Navicat 主界面

(2) 选中 students 表，单击鼠标右键在弹出菜单中选择"打开表"，打开 students 表，如图 2-21 所示。

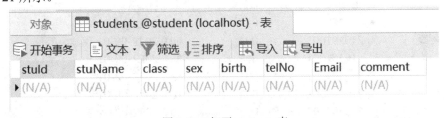

图 2-21　打开 students 表

(3) 向 students 表中添加表 2-1 中的数据，如图 2-22 所示。当添加第一行后，单击下方状态栏上的"√"按钮，保存数据；如果需要删除数据，可点击"×"按钮，如图 2-23 所示。一行数据保存后，单击下方状态栏上的"+"按钮，可添加新的一行。

stuId	stuName	class	sex	birth	telNo	Email	comment
210101001	李勇	软件技术	男	2003-09-10	28885692	Liyong@21cn.com	插班生

图 2-22　向 students 表填入一行数据

图 2-23　保存与删除数据

三张数据表数据添加完成后的状态如图 2-24～图 2-26 所示。

图 2-24　向 students 表添加数据

图 2-25　向 courses 表添加数据

图 2-26　向 sc 表添加数据

在 Navicat 中，表示日期的 date 型数据，其默认显示格式为"yyyy-mm-dd"。图 2-24 中 students 表的 birth 列、图 2-26 中 sc 表的 strDate 列均按此格式进行显示，对于人工输入的、只有一个数位的月份和日期，如"2022-9-1"，系统将以"2022-09-01"来进行显示。

【练习 2-7】　使用 Navicat 连接 MySQL，向 student 数据库中的三张数据表 students、courses、sc 添加数据。

2.2.7　注意数据的规范

当我们向表中添加数据时，应注意数据的规范性。规范的数据意味着数据符合字段设计的原意。如果数据不规范，会影响查找、统计的结果，甚至造成很严重的后果。具体而言，需注意以下规范问题：

1. 空值

空值是一个微妙但又十分重要的问题。假如有数据表 sc，用于记录学生选修课程的情况，其实例数据如表 2-13 所示。

表 2-13　数据表 sc

stuId	corId	score	strDate
210101001	001	95	2022-2-1
210101001	004		2022-9-1

其中有一条记录 score 列是空的，原因可能是学生在选修该课程后还没有考试，所以没有成绩。当然，也有可能是别的原因造成的。

空值，只是一个位置的占用，从数据库内部来说，空值是有歧义的，所以空值和任意数据的算术运算，结果都是空值。这一点，在对表进行查询统计时一定要小心。

在设计表时，应尽量不允许字段值为空。比如，为了避免成绩为空，可将没有成绩的单元格填为 0、−1 之类的数。如果允许一个字段为空，则必须为空值指定某种确定的意义。比如，上例中，成绩为空表示选修后成绩尚未公布。

在 MySQL 数据库中，空值常用 NULL 来表示。在图 2-24 中我们可以看到，students 表的 comment 列，有部分单元格填充了 NULL，表示空值。

2. 空格及其他空白字符

空格不是空值，空格相当于一个英文字母。另外，在 ASCII 码中，还有其他不可见的空白字符，这些空白字符也都相当于一个英文字母，这和空值是不一样的。

空白字符尤其是空格，由于不可见，常常由于输入时不小心而影响数据的规范。如表 2-14 的 courses 数据表，第一行的 corName "　数据库"前面不应该有空白；第二行的课程号是"002"而非"00 2"，2 之前不应有空白；同一行的"数 学"也不应该有空格，除非设计时说明：凡两个字的课程名，中间加空格(这样对字段的额外规定并不好)。

表 2-14　数据表 courses

corId	corName	period	credit
001	数据库	72	4
00 2	数　学	72	4

关于数据中间加空格，一个常见的案例是：对于人员名单，很多电脑文员喜欢对两个字的人名中间加 1～2 个空格以便和三个字的人名对齐，以为这样显得整齐好看。实际上，这样做却给数据处理带来了大麻烦。比如，对于一个有 500 个教师的 Excel 监考表，"李俊"老师，如何确保完整地找到自己的监考信息呢？是查"李俊"，还是"李 俊"，亦或是"李　俊"？

3. 英文大小写、全角半角

对于英文和符号，应规定大小写规则，不应该随意地大写或小写。另外，还要注意全角和半角的问题，不要一会儿用全角，一会儿用半角，建议如无特别需求，只用半角。在后续学习结构化查询语言 SQL 时会发现，SQL 只接受半角的符号，如果输入的是全角，则语句执行时会报错。

【练习 2-8】 指出表 2-15 中数据不符合规范之处，并为学时、学分的空值指定一种现实意义。

表 2-15　数据表 courses

corId	corName	period	credit
003	英语	64	4
004	操作系统	54	3
00 5	C 语言	54	3
006	C＋＋语言	54	3
007	英 语口语abc	30	2
008	c/c++指南		

2.3　关于数据库存储引擎

MySQL 引入了存储引擎的概念，存储引擎是数据库底层的软件组件。数据库管理系统使用存储引擎进行创建、查询、更新和删除数据操作。MySQL 支持多个不同的存储引擎，不同的存储引擎提供不同的数据存储机制、索引技巧、锁定水平等功能。存储引擎是 MySQL 的核心。用户可以根据实际应用需要来选择使用何种存储引擎，从而提高了 MySQL 数据库管理系统的使用效率和灵活性。

2.3.1　查看 MySQL 支持的存储引擎

MySQL 通过 SHOW ENGINES 命令来查看系统支持的存储引擎，命令运行结果如图 2-27 所示。

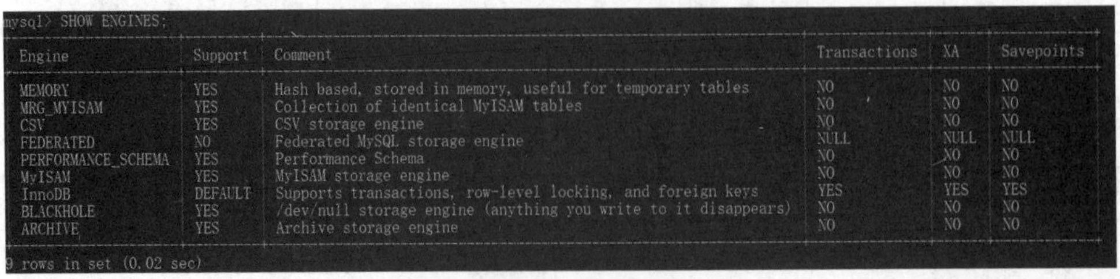

图 2-27　查看数据库存储引擎

图 2-27 中，Engine 列表示当前 MySQL8 版本所支持的存储引擎，包括 MEMORY、MRG_MYISAM、CSV、FEDERATED、PERFORMANCE_SCHEMA、MyISAM、InnoDB、

BLACKHOLE 和 ARCHIVE 九种。

Support 列表示 MySQL 是否支持该存储引擎，YES 表示支持，NO 表示不支持。

Comment 列表示对该存储引擎的评论。

Transactions 列表示该存储引擎是否支持事务，YES 表示支持，NO 表示不支持。关于事务的概念将在第 7 章进行详细讲解。

XA 列表示该存储引擎所支持的分布式是否符合 XA 规范，YES 表示支持，NO 表示不支持。

Savepoints 列表示该存储引擎是否支持事务处理的保存点，YES 表示支持，NO 表示不支持。

MySQL 中创建数据表时，如果没有指定存储引擎，将使用系统默认的存储引擎来存储数据表。可以通过 SHOW VARIABLES 命令来查看当前系统默认的存储引擎，具体语句如下：

SHOW VARIABLES LIKE 'default_storage_engine';

运行结果如图 2-28 所示。

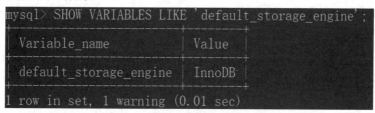

图 2-28 查看系统默认的存储引擎

从图 2-28 可知，当前 MySQL 系统默认的存储引擎是 InnoDB。

可以通过 SET DEFAULT_STORAGE_ENGINE 命令修改系统默认存储引擎，如将默认存储引擎修改为 MyISAM，可使用以下语句：

SET DEFAULT_STORAGE_ENGINE=MyISAM;

运行结果如图 2-29 所示。

```
mysql> SET DEFAULT_STORAGE_ENGINE=MyISAM;
Query OK, 0 rows affected (0.00 sec)
```

图 2-29 修改系统默认存储引擎

修改成功后，运行 SHOW VARIABLES 命令来查看当前系统默认的存储引擎，运行结果如图 2-30 所示。由此可知，系统默认存储引擎已被修改。

```
mysql> SHOW VARIABLES LIKE 'default_storage_engine';
+------------------------+--------+
| Variable_name          | Value  |
+------------------------+--------+
| default_storage_engine | MyISAM |
+------------------------+--------+
1 row in set, 1 warning (0.00 sec)
```

图 2-30 查看修改后的系统默认存储引擎

【练习 2-9】 使用本节介绍的命令，查看 MySQL 支持的存储引擎和当前系统默认的存储引擎。

2.3.2　了解常用的存储引擎

1. InnoDB 存储引擎

InnoDB 存储引擎是 MySQL5.5.5 版本之后支持的默认存储引擎。InnoDB 的设计目标是处理大容量数据时最大化性能，它的 CPU 利用率是其他基于磁盘的关系数据库引擎中最有效率的。InnoDB 支持外键约束，为 MySQL 表提供了事务、回滚以及系统崩溃修复能力和多版本并发控制的事务安全性。InnoDB 适用于具有高并发且更新操作比较多的表、需要使用事务的表和对自动灾难恢复有要求的表。

2. MyISAM 存储引擎

MyISAM 存储引擎是 MySQL5.5.5 版本之前支持的默认存储引擎。MyISAM 是在Web、数据仓储和其他应用环境下常用的存储引擎，拥有较快的数据写入、查询速度和全文检索能力。MyISAM 不支持事务，也不支持外键，适用于要求访问速度快，对事务完整性没有要求或者以数据写入、查询为主的应用环境。

3. MEMORY 存储引擎

MEMORY 存储引擎将所有数据保存在内存中，在需要快速查找引用和其他类似数据的环境下，MEMORY 可提供极快的访问速度。因为 MEMORY 存储引擎文件数据都存储在内存中，如果 mysqld 进程发生异常，重启或关闭机器，这些数据都会消失，所以MEMORY 存储引擎中表的生命周期很短，一般只使用一次。MySQL 使用该引擎保存临时表，存放查询的中间结果。

2.3.3　选择合适的存储引擎

不同的存储引擎有各自的特点，适用于不同的应用环境。三种常用存储引擎的功能总结如表 2-16 所示。

表 2-16　三种常用存储引擎的功能总结

功　能	InnoDB	MYISAM	MEMORY
存储限制	64TB	256TB	RAM
支持事物	Yes	No	No
支持全文索引	No	Yes	No
支持数索引	Yes	Yes	Yes
支持哈希索引	No	No	Yes
支持数据缓存	Yes	No	N/A
支持外键	Yes	No	No

总结来看，如果需要数据库系统提供提交、回滚、崩溃恢复等事物安全能力，并要求实现并发控制，可以选择 InnoDB 存储引擎；如果数据表主要用来写入和查询数据，MyISAM 存储引擎能提供较高的处理效率；如果只是临时存放数据，数据量并不大，并且不需要较高的数据安全性，可以选择将数据保存在内存中的 MEMORY 存储引擎。

第 3 章　理解数据库相关概念

本章重点

(1) 掌握数据库的相关概念，如键、约束等；

(2) 理解数据的排序、索引等；

(3) 掌握在 MySQL 中设置主键和外键、级联更新和级联删除，创建索引、实施约束的操作方法。

本章难点

掌握主键和实体完整性、外键和参照完整性的概念。

自学建议

按顺序阅读并完成练习。

教学建议

按顺序讲解，每讲一个知识点，让学生完成相关练习，老师巡查记分。对于级联更新和级联删除、表间联系的讲解，可以稍快。关于 MySQL 的具体操作，其核心目标是让学生验证所学的数据库知识，并非为学习操作而设。

3.1　键

3.1.1　主键和实体完整性

键 (Key) 是关系中一列或者多列的组合。关系中存在一些键，它们保存的数据的值是唯一的，可以用来唯一地标识表中的一条记录。我们从这些能唯一标识一条记录的键中选择一个作为**主键 (Primary Key)**。简单的情况下，主键只包含一列，在复杂的情况下，主键可能包含多列，甚至包含关系中的全部列。

例如，表 3-1 所示的 students 表中，"stuId"可以唯一标识一条记录，即一个学生。假设每个学生的"Email"也是唯一的，那么"Email"也可以唯一标识一条记录。而"stuName"不能唯一标识一条记录，因为学生可能出现同名同姓的情况。"stuName"和"birth"两列组合起来也可以唯一标识一条记录，因为既同名同姓，又同年同月同日生的可能性比较小。

表 3-1　　students

stuId	stuName	class	sex	birth	telNo	Email	comment
210101001	李勇	软件技术	男	2003-9-10	28885692	Liyong@21cn.com	插班生
210101002	刘晨	软件技术	女	2003-8-6	22285568	Liuchen@126.com	
210102003	王晓敏	计算机应用	女	2003-5-30	22324912	Wangxm@21cn.com	
220102001	张丽丽	电子商务	女	2004-1-2	25661120	Zhangli@126.com	
220102002	陈耀辉	电子商务	男	2004-7-16	22883322	Chenhui@21cn.com	转校生

请注意，判断某些键是否能唯一标识一条记录，仅对关系中现有的数据进行检查是不够的。现有的数据没有重复，并不代表将来保存在关系中的数据不会发生重复。例如姓名，在一个家庭的范围内，姓名是不可能重复的，在一个宿舍重复的可能性也比较小，但在一个班或一个学校，重复的可能性就比较大。在实际应用中，数据库设计者必须询问用户或相关专家，以确定哪些键能唯一标识一条记录。

选取主键的一般原则是，主键尽量简单且确定。例如，students 表中，我们选择"stuId"作为主键，因为相对"Email""stuName"和"birth"的组合而言，"stuId"表达起来最为简单，又因为学号是学校自己人工编制的，可以非常确定不会出现重复，并且每个学生一定会有学号。另外，整型数据操作起来效率比其他数据类型高，主键应优先考虑整型；而隐私信息则最好不要用作主键，如身份证号。

主键确定后，我们在描述表的结构时可在主键的下方加上下画线。如 students 表的主键是"stuId"，确定后，我们用以下格式描述 students 表的结构：

students(stuId, stuName, class, sex, birth, telNo, Email, comment)

既然主键用于唯一标识关系中的一条记录，那么主键下的数据项不能为空值，因为空值不能用于标识记录。同时，主键下的数据项也不能出现重复，因为一旦发生重复，就不再是唯一标识了。这种保证主键字段的取值唯一且不能为空值的规则，称为**实体完整性**。

【练习 3-1】请分析确定"student"数据库中，courses (corId, corName, period, credit) 和 sc (stuId, corId, score, strDate) 这两个数据表可以唯一标识一条记录的键分别是哪些，选择哪个作为主键。

3.1.2　为表设置主键

了解了主键的概念后，我们来学习如何在 MySQL 数据库中为表设置主键。设置主键有两种方式，一是直接通过命令进行设置，二是通过图形化工具进行设置。下面分别进行讲解。

1. 通过命令为表设置主键

我们首先来回顾一下创建数据表的语法格式：

```
CREATE TABLE  表名
(
    列名 1  数据类型 [列级约束条件][默认值],
    列名 2  数据类型 [列级约束条件][默认值],
    ......[表级约束条件]
);
```

创建表时，可以在列级约束条件或表级约束条件中设置主键。在列级约束条件中设置主键适用于主键是单个列的情况，直接在该列的数据类型后面加上 PRIMARY KEY。在表级约束条件中设置主键适用于主键是多个列的组合的情况，格式为 PRIMARY KEY(列名1,列名 2, ...)。

【例 3-1】　在数据库 student 中创建数据表 students，同时指定 stuId 列为主键。

建表命令如下：

```
create table students
(
    stuId char(9) primary key,
    stuName varchar(10),
    class varchar(30),
    sex enum('男','女'),
    birth date,
    telNo varchar(15),
    Email varchar(50),
    comment varchar(100)
);
```

命令运行成功后，可以通过 DESCRIBE 语句来查看 students 表的结构，结果如图 3-1 所示。

```
mysql> DESC students;
+---------+--------------+------+-----+---------+-------+
| Field   | Type         | Null | Key | Default | Extra |
+---------+--------------+------+-----+---------+-------+
| stuId   | char(9)      | NO   | PRI | NULL    |       |
| stuName | varchar(10)  | YES  |     | NULL    |       |
| class   | varchar(30)  | YES  |     | NULL    |       |
| sex     | enum('男','女')| YES  |     | NULL    |       |
| birth   | date         | YES  |     | NULL    |       |
| telNo   | varchar(15)  | YES  |     | NULL    |       |
| Email   | varchar(50)  | YES  |     | NULL    |       |
| comment | varchar(100) | YES  |     | NULL    |       |
+---------+--------------+------+-----+---------+-------+
8 rows in set (0.01 sec)
```

图 3-1　查看 students 表的结构

从图 3-1 中我们看到，key 列下，stuId 被标识为 PRI，即 Primary Key 的缩写，表示 students 表中 stuId 列被设置为主键。

【例 3-2】 在数据库 student 中创建数据表 sc，同时指定 stuId 和 corId 列组合为主键。
建表命令如下：

```
create table sc
(
    stuId char(9),
    corId char(3),
    score decimal(4,1),
    strDate date,
primary key(stuId,corId)
);
```

命令运行成功后，可以通过 DESCRIBE 语句来查看 sc 表的结构，结果如图 3-2 所示。

图 3-2　查看 sc 表的结构

从图 3-2 中看到，key 列下，stuId 和 corId 列组合被标识为 PRI，表示 sc 表中 stuId 和
corId 列组合被设置为主键。

如果一个数据表已经存在于数据库系统中，只是在创建表时没有设置主键，则可以使
用修改表命令增加主键的设置。命令如下：

ALTER TABLE 表名 MODIFY 字段名 数据类型 PRIMARY KEY;

【例 3-3】 对于数据库 student 中已经存在的数据表 courses，设置列 corId 为主键。
命令如下：

ALTER TABLE courses MODIFY corId PRIMARY KEY;

命令运行成功后，可以通过 DESCRIBE 语句来查看 courses 表的结构，结果如图 3-3
所示。

图 3-3　查看 courses 表的结构

从图 3-3 中看到，key 列下，corId 列被标识为 PRI，表示 courses 表中 corId 列被设置为主键。

【练习 3-2】　尝试运行本节的例子，为 student 数据库中的数据表设置主键。

2. 通过图形化工具为表设置主键

我们可以使用 MySQL 图形化工具 Navicat 来为表设置主键。

【例 3-4】　使用 Navicat 为数据库 student 中的 students 表设置主键。

操作步骤如下：

(1) 选中 student 数据库中的 students 表，单击鼠标右键在弹出的菜单中选择"设计表"，打开表的设计视图。

(2) 选中 stuId 列，单击界面上方的"主键"按钮，此时可以看到在界面中的"键"列下，stuId 列被设置为主键。如图 3-4 所示。

(3) 单击界面上方的"保存"按钮保存设置。

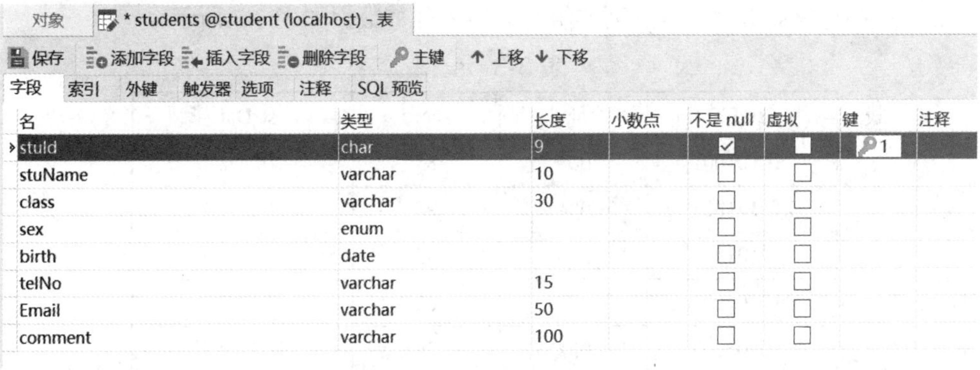

图 3-4　为 students 表设置主键

【例 3-5】　使用 Navicat 为数据库 student 中的 sc 表设置主键。

操作步骤如下：

(1) 选中 student 数据库中的 sc 表，单击鼠标右键在弹出的菜单中选择"设计表"，打开表的设计视图。

(2) 选中 stuId 列，单击界面上方的"主键"按钮，此时可以看到在界面中的"键"列下，stuId 列被设置为主键。选中 corId 列，再次单击界面上方的"主键"按钮，此时可以看到在界面中的"键"列下，corId 列被设置为主键。如图 3-5 所示。

(3) 单击界面上方的"保存"按钮保存设置。

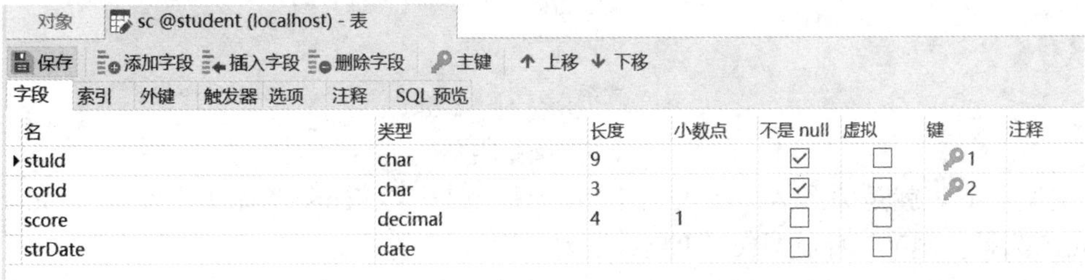

图 3-5　为 sc 表设置主键

【练习 3-3】　使用图形化工具 Navicat，为 student 数据库中的数据表设置主键。

3.1.3 外键和参照完整性

上节中我们经分析得出，在 student 数据库中，students 表的主键是 stuId 列。students 表的部分数据如表 3-2 所示。

表 3-2 students 表

stuId	stuName	class	sex	birth	telNo	Email	comment
210101001	李勇	软件技术	男	2003-9-10	28885692	Liyong@21cn.com	插班生
210101002	刘晨	软件技术	女	2003-8-6	22285568	Liuchen@126.com	
210102003	王晓敏	计算机应用	女	2003-5-30	22324912	Wangxm@21cn.com	
220102001	张丽丽	电子商务	女	2004-1-2	25661120	Zhangli@126.com	
220102002	陈耀辉	电子商务	男	2004-7-16	22883322	Chenhui@21cn.com	转校生

sc 表的主键是 stuId 和 corId 列的组合，该表部分数据如表 3-3 所示。

表 3-3 sc 表

stuId	corId	score	strDate
210101001	001	85	2022-2-1
210101001	004	90	2022-9-1
210101001	005	55	2022-9-1
210101002	001	62	2022-2-1
210101002	002	76	2022-9-1
210102003	001	50	2022-2-1
210102003	003	93	2022-9-1
220102001	002	55	2022-9-1
220102002	007	85	2022-9-1

我们看到，在 sc 表中也出现了 stuId 列，用于描述某名学生选修了课程，它与学生表的 stuId 列是相对应的。

所谓**外键(Foreign Key)**，指的是在关系 A 中的键 F，如果与关系 B 中的主键 K 相对应，则键 F 称为关系 A 的外键，如图 3-6 所示。

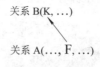

图 3-6 外键的概念

这里，sc 表就是关系 A，sc 表的 stuId 列是键 F，students 表就是关系 B，students 表的 stuId 列是主键 K。此处，sc 表的 stuId 列称为 sc 表的外键。

在实际应用中，外键的名称不一定要与其对应的主键同名，但给它们取相同的名称可以方便地进行识别。需要注意的是，外键的数据类型必须和主键保持一致。

显然，sc 表 stuId 列中的数据，必须在 students 表的 stuId 列中预先存在。否则，数据库中没有这名学生，也不可能有他的选课信息。这种外键的数据必须在相对应的主键中预先存在的规则，称为**参照完整性**。参照完整性在一定程度上保证了数据库中数据的正确性。一个表的外键可以为空值，若不为空值，则每一个外键值必须等于其对应的主键表中主键的某一个值。

对于 student 数据库中的 courses 表，我们选择 corId 作为主键。courses 表的部分数据如表 3-4 所示。

表 3-4　courses 表

corId	corName	period	credit
001	数据库	72	4
002	数学	72	4
003	英语	63	3.5
004	操作系统	54	3
005	数据结构	54	3
006	软件工程	36	2
007	计算机网络应用	54	3

同样，我们发现在 sc 表中也出现了 corId 列，用于描述某名学生选修的课程信息。sc 表中的 corId 列与 courses 表中的 corId 列相对应，在 sc 表中，corId 列也是外键。sc 表 corId 列中的数据，必须在 courses 表的 corId 列中预先存在。否则，数据库中根本没有这门课程，则不可能有人选修。

【练习 3-4】　假如我们除了要管理学生外，还要管理宿舍。此时，可增加一个宿舍表 dormitory (见表 3-5，包含序号 no、所在楼号 location、门牌号 houNo、房型 roomType、床位数 bedsNu、月租 rent)，并修改了 students 表 (见表 3-6)。请指出 dormitory 表的主键、students 表的主键和外键，并查看已有的数据，看是否存在违反参照完整性的情况。

表 3-5　dormitory 表

no	location	houNo	roomType	bedsNu	rent
1	7	7-692	A	4	30.00
2	7	7-693	A	4	30.00
3	3	3-567	B	3	50.00
4	4	4-444	B	3	40.00

表 3-6　students 表

stuId	stuName	class	sex	birth	telNo	Email	dorNo
210101001	李勇	软件技术	男	2003-9-10	28885692	Liyong@21cn.com	6
210101002	刘晨	软件技术	女	2003-8-6	22285568	Liuchen@126.com	3
210102003	王晓敏	计算机应用	女	2003-5-30	22324912	Wangxm@21cn.com	3
220102001	张丽丽	电子商务	女	2004-1-2	25661120	Zhangli@126.com	3
220102002	陈耀辉	电子商务	男	2004-7-16	22883322	Chenhui@21cn.com	1

3.1.4　为表设置外键

了解了外键的概念后，我们来学习如何在 MySQL 数据库中为表设置外键。设置外键有两种方式：一是直接通过命令进行设置，二是通过图形化工具进行设置。下面分别进行讲解。

1. 通过命令为表设置外键

创建表时，可以在表级约束条件中设置外键。设置外键的命令语法格式如下：

　　　　[CONSTRAINT 外键名] FOREIGN KEY(列名) REFERENCES 主表名(列名)

其中，外键名是设置的外键的名称，可以省略不写；列名为要设置外键的列，主表名为其对应的主键表名，列名为主键列名。

【例 3-6】　在数据库 student 中创建数据表 sc，指定 stuId 和 corId 列组合为主键。同时，指定 sc 表的 stuId 列为外键，参考 students 表的主键 stuId，指定 sc 表的 corId 列为外键，参考 courses 表的主键 corId。

建表命令如下：

```
create table sc
(
    stuId char(9),
    corId char(3),
    score decimal(4,1),
    strDate date,
primary key(stuId,corId),
Foreign key(stuId) references students(stuId),
Foreign key(corId) references courses(corId)
);
```

命令执行结果如图 3-7 所示。

```
mysql> create table sc
    -> (
    ->     stuId char(9),
    ->     corId char(3),
    ->     score decimal(4,1),
    ->     strDate date,
    -> primary key(stuId,corId),
    -> Foreign key(stuId) references students(stuId),
    -> Foreign key(corId) references courses(corId)
    -> );
Query OK, 0 rows affected (0.05 sec)
```

图 3-7　通过命令为表设置外键

【练习 3-5】　尝试运行本节的案例，为数据库 student 中的 sc 表设置主键和外键。

2. 通过图形化工具设置外键

我们可以使用 MySQL 图形化工具 Navicat 来为表设置外键。

【例 3-7】使用 Navicat 为数据库 student 中的 sc 表设置外键。

操作步骤如下：

(1) 选中 student 数据库中的 sc 表，单击鼠标右键，在弹出的菜单中选择"设计表"，打开表的设计视图，如图 3-8 所示。

名	类型	长度	小数点	不是 null	虚拟	键	注释
stuId	char	9		☑	☐	🔑1	
corId	char	3		☑	☐	🔑2	
score	decimal	4	1	☐	☐		
strDate	date			☐	☐		

图 3-8　表的设计视图

(2) 单击界面上方的"外键"选项卡，切换到外键设置界面，如图 3-9 所示。其中，"名"表示外键的名称，可以不填，由系统自动分配；"字段"表示要设置外键的列；在"被引用的模式"中选择表所在的数据库；"被引用的表 (父)"表示对应主键所在的表；在"被引用的字段"中选择主键对应的列。

名	字段	被引用的模式	被引用的表 (父)	被引用的字段	删除时	更新时

图 3-9　外键设置界面

(3) 依次设置 sc 表的两个外键，单击"保存"按钮保存设置，如图 3-10 所示。

名	字段	被引用的模式	被引用的表 (父)	被引用的字段	删除时	更新时
sc_ibfk_1	stuId	student	students	stuId	RESTRICT	RESTRICT
sc_ibfk_2	corId	student	courses	corId	RESTRICT	RESTRICT

图 3-10　设置 sc 表的两个外键

【练习 3-6】　使用图形化工具 Navicat，为数据库 student 中的 sc 表设置外键。

3.2　级联更新和级联删除

3.1.3 节中提到，在关系 A 中的键 F，如果与关系 B 中的主键 K 相对应，则键 F 称为关系 A 的外键。所谓**级联更新**，指在设置好外键的表 A 和 B 之间，如果表 B 的主键 K 中某一数据项发生更改，则数据库会自动更改表 A 的外键 F 中对应的数据项(如果存在对应)。级联更新的示意图见图 3-11。

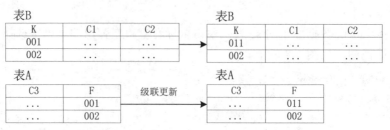

图 3-11　级联更新

所谓**级联删除**，指如果表 B 的主键 K 中某一数据项被删除了，则数据库会自动删除表 A 的外键 F 中对应的数据项(如果存在对应)。级联删除的示意图见图 3-12。

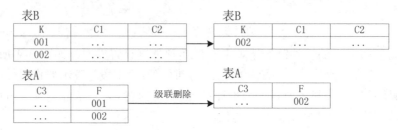

图 3-12　级联删除

级联更新和级联删除保证了数据库中的数据始终保持一致性，减少了人工维护的成本。

【例 3-8】　使用 Navicat 分别为 student 数据库中的 students 表和 sc 表、courses 表和 sc 表之间的主外键关系设置级联更新和级联删除。

操作步骤为：选中 student 数据库中的 sc 表，单击鼠标右键，在弹出的菜单中选择"设计表"，打开表的设计视图，切换到"外键"选项卡，将"删除时"和"更新时"两列设置为"CASCADE"，即表示级联更新和级联删除，如图 3-13 所示。

对象	🗔 * sc @student (localhost) - 表					
🖫 保存　🔧 添加外键　🔧 删除外键						
字段　索引　外键　触发器　选项　注释　SQL 预览						
名	字段	被引用的模式	被引用的表（父）	被引用的字段	删除时	更新时
sc_ibfk_1	stuId	student	students	stuId	CASCADE	CASCADE
ⅈ sc_ibfk_2	corId	student	courses	corId	CASCADE	CASCADE

图 3-13　设置级联更新和级联删除

上例介绍了如何在数据库中设置级联更新和级联删除。在实际应用中，数据表之间所有的主外键是否都要设为级联更新和级联删除呢？在真实的系统开发中，这种设置可以提高开发效率，让程序员少写很多代码，但也会带来风险。尤其是级联删除，一条记录的删除，可能连锁反应到多个表，在操作者一无所知的情况下，成百上千甚至更多的记录被删除了，致命的是，这也许并不是操作者的本意，他的本意，很多时候，只是删除主表的那一条记录而已。所以，在真实的系统开发中，级联更新可以多用一些，级联删除则需慎之又慎。级联更新和级联删除的使用原则是：操作员删除主键表的记录时，他的本意是什么？是级联的内容一起删除吗？若是，则设置级联删除；若不是，则不需要设置级联删除。

【练习 3-7】为 student 数据库中的 students 表和 sc 表设置好级联更新和级联删除后，

尝试修改 students 表中某名同学的学号，看看 sc 表中该同学的学号有何变化。尝试在 students 表中删除该同学，看看 sc 表中有何变化。

3.3　表 间 联 系

在实际的数据库系统中，设计人员通常会创建多张数据表，用于存储应用系统中的各种数据。这些表并不是相互独立的，而是存在一定的关联性。表与表之间的关联性有三种情况，即一对一联系、一对多联系、多对多联系。

3.3.1　一对一联系

如果第一个表的一条记录仅关联到第二个表的一条(或零条)记录，并且第二个表的一条记录也仅关联到第一个表的一条记录(注意，此时必须有一条关联记录，不能是零条)，就称这对表之间存在一对一的联系。这时，第一个表为父表，第二个表为子表。

图 3-14 展示了两表之间一对一联系的例子。其中，employee 表记录了公司员工的基本信息，它是父表；salary 表记录了员工的工资情况，它是子表。这样设计表可能是出于安全需要，比如不想把财务数据和员工基本信息放在一起，也可能是因为数据库分布式存放所致。

employee 表

empId	empName	telNo	hireDate	post	comment
100	张三	22266777	2015-1-1	经理	
101	李四	22266333	2018-3-9	部长	
102	王五	22266999	2022-1-5		新员工，未定岗

salary 表

empId	baseSal	allowance
100	2000.00	6000.00
101	1500.00	4000.00

图 3-14　一对一的联系

图 3-14 所示的一对一联系可描述为：

　　employee 表(empId) 1 : 1　salary 表(empId)

3.3.2　一对多联系

如图 3-15 所示，students 表中含有"dorNo"这一外键，表示宿舍序号，对应 dormitory 表中的主键"no"。现实的情况是，一个学生住在一间宿舍，一间宿舍可以住多名学生，或者一名学生都不住。表现在表上，对于 students 表，每条记录有一个宿舍序号 dorNo；dormitory 表(no 为主键)的一条记录对应学生表(dorNo 为外键)零条或多条记录。这种表间联系即为一对多联系，其中 dormitory 表是父表，students 表是子表。一对多联系是数据库中出现最多、最为重要的表间联系。

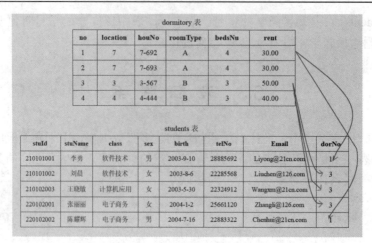

图 3-15　一对多联系

上图所示的一对多联系可描述为：

　　　dormitory 表(no)　1 : N　students 表(dorNo)

【练习 3-8】请分析图 3-15，指出李勇和王晓敏每个月要交多少床位月租？学校从这 5 个学生中每月收取的床位月租总金额是多少？(说明：表 dormitory 中，字段 rent 表示宿舍的床位月租。)

3.3.3　多对多联系

如果第一个表的一条记录可以关联到第二个表的一条或多条记录，并且第二个表的一条记录，也可关联到第一个表的一条或多条记录，或者更精确地说，第一个表与第二个表是一对多，第二个表与第一个表也是一对多，就称这两个表之间存在多对多联系。比如，现实中一个学生可以选修多门课程，一门课程亦可被多个学生选修，这样，学生表和课程表之间应该是多对多的联系。多对多联系可表示为：

　　　students 表　M : N　courses 表

多对多的联系难以在数据库中直接表示，一般要转换成两个一对多的联系。多对多的联系如何在表中体现，以便方便地知道一个学生选修了哪些课程，一门课程又被哪些学生选修呢？有很多方法，图 3-16 所示为其中一种。在 students 表中增加字段了"corId"，以记录学生所选的课程。这样做看上去解决了多对多的问题，但直接在表中增加字段并不是一个好的设计，对于增删和统计每名学生的选课信息，操作都会很麻烦。

students表				
stuId	stuName	sex	birth	corId
210101001	李勇	男	2003-9-10	001,002
210101002	刘晨	女	2003-8-6	001,002,003
210102003	王晓敏	女	2003-5-30	

courses表			
corId	corName	period	credit
001	数据库	72	4
002	数学	72	4
003	英语	63	3.5
004	操作系统	54	3

图 3-16　直接用字段记录多对多关系

最有效、最恰当的解决办法是，在 students 表和 courses 表之间增设一个连接表 sc，用来记录学生选修课程的信息。如图 3-17 所示，sc 表是一个连接表，它把一个多对多变成两个一对多：students(stuId)一对多 sc(stuId)，courses 表(corId)一对多 sc 表(corId)。

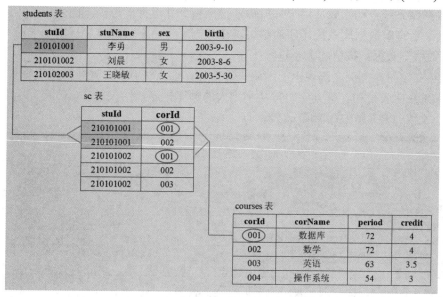

图 3-17 用连接表解决多对多的问题

【注意】 了解了表间联系之后，我们如何判断数据库中存在的多个表两两之间到底有没有联系，又是哪种联系呢？可以采用以下的步骤进行判断：

(1) 看看两个表之间是否存在主外键的关联，即一个表的主键是否在另外一个表中出现了。如果不存在，则这两个表一般没有联系；如果存在关联，则继续步骤(2)。

(2) 看看主键所在表中的一条记录对应外键所在表的几条记录。如果主键表一条记录仅对应外键表一条或零条记录，则这两个表之间存在一对一联系；如果主键表一条记录对应外键表多条或零条记录，则这两个表之间存在一对多联系。

实际上，一对多的联系是数据库中存在最多的表间联系。多对多联系因为难以在数据库中表达，一般都会转换成两个一对多联系来表示。

3.4 排 序 与 索 引

所谓排序，是指根据一定的规则比较一组数据的大小，按照大小顺序对数据进行重新排列。索引是建立在数据表上的一种机制，其作用是加快数据的检索定位。本节对排序和索引进行介绍。

3.4.1 排序

首先，我们要了解为什么数据可以排序？这是因为，对于数字，本身是有大小的；对于字符，每一个字符在计算机系统中存储时，对应有一个二进制编码，这个编码是数值型的，可以比较大小；日期在系统内部实际存储为一个整数，也是可以比较大小的。显然，一种数据如果不能映射为一种可比较大小的数值，那么这种数据是不能排序的。

在数据库中，数据按从小到大的顺序组织称为升序排列，反之则称为降序排列。数据排序由数据库系统自动完成，用户只需输入排序指令并运行即可。下面介绍的排序规则，用于帮助读者理解数据库系统排序的结果。在数据库中，常规的排序规则如下：

(1) 数值型数据：按值的大小进行排序。

(2) 英文字符：按英文码表内的编码进行排序，如 ASCII 码。ASCII 码表如图 3-18 所示。由 ASCII 码表可知，下列字符按从小到大的顺序排序，结果是：

　　...空格...0123456789...ABC...XYZ...abc...xyz

ASCII 字符代码表 一

低四位	\[0000-0\] 十进制	字符	ctrl	代码	字符解释	\[0001-1\] 十进制	字符	ctrl	代码	字符解释	\[0010-2\] 十进制	字符	\[0011-3\] 十进制	字符	\[0100-4\] 十进制	字符	\[0101-5\] 十进制	字符	\[0110-6\] 十进制	字符	\[0111-7\] 十进制	字符
0000 0	0	BLANK NULL	^@	NUL	空	16	►	^P	DLE	数据链路转意	32		48	0	64	@	80	P	96	`	112	p
0001 1	1	☺	^A	SOH	头标开始	17	◄	^Q	DC1	设备控制1	33	!	49	1	65	A	81	Q	97	a	113	q
0010 2	2	☻	^B	STX	正文开始	18	↕	^R	DC2	设备控制2	34	"	50	2	66	B	82	R	98	b	114	r
0011 3	3	♥	^C	ETX	正文结束	19	‼	^S	DC3	设备控制3	35	#	51	3	67	C	83	S	99	c	115	s
0100 4	4	♦	^D	EOT	传输结束	20	¶	^T	DC4	设备控制4	36	$	52	4	68	D	84	T	100	d	116	t
0101 5	5	♣	^E	ENQ	查询	21	§	^U	NAK	反确认	37	%	53	5	69	E	85	U	101	e	117	u
0110 6	6	♠	^F	ACK	确认	22	▬	^V	SYN	同步空闲	38	&	54	6	70	F	86	V	102	f	118	v
0111 7	7	•	^G	BEL	震铃	23	↨	^W	ETB	传输块结束	39	'	55	7	71	G	87	W	103	g	119	w
1000 8	8	◘	^H	BS	退格	24	↑	^X	CAN	取消	40	(	56	8	72	H	88	X	104	h	120	x
1001 9	9	○	^I	TAB	水平制表符	25	↓	^Y	EM	媒体结束	41	)	57	9	73	I	89	Y	105	i	121	y
1010 A	10	◙	^J	LF	换行/新行	26	→	^Z	SUB	替换	42	*	58	:	74	J	90	Z	106	j	122	z
1011 B	11	♂	^K	VT	垂直制表符	27	←	^[	ESC	转意	43	+	59	;	75	K	91	[	107	k	123	{
1100 C	12	♀	^L	FF	换页/新页	28	∟	^\	FS	文件分隔符	44	,	60	<	76	L	92	\	108	l	124	|
1101 D	13	♪	^M	CR	回车	29	↔	^]	GS	组分隔符	45	-	61	=	77	M	93	]	109	m	125	}
1110 E	14	♫	^N	SO	移出	30	▲	^6	RS	记录分隔符	46	.	62	>	78	N	94	^	110	n	126	~
1111 F	15	☼	^O	SI	移入	31	▼	^-	US	单元分隔符	47	/	63	?	79	O	95	_	111	o	127	Back space

注：表中的ASCII字符可以用：ALT + "小键盘上的数字键" 输入

图 3-18　ASCII 码表

(3) 中文字符：按中文码表内的编码进行排序。表面上看，一般是按拼音的字典顺序进行排序。

(4) 英文符号比中文符号小，中文符号比中文字小，而空值是最小的。

(5) 在数据库系统中，可能指定了别的排序规则，如汉字按笔画顺序排序；也可能在已有的排序规则基础上，加上更多的规则，如加上一条"英文不区分大小写"。

(6) 字符串确定大小的方法：逐个比较相应位置的字符，先出现大字符的字符串较大。

(7) 不同类型的数据无法正确比较大小。

【练习 3-9】　升序排列下面的字符：1，q，QQ，空格。

【练习 3-10】　按年龄从小到大排列表 3-7。

【练习 3-11】　对表 3-7 中的学生，先按姓名升序排，对于同名同姓的学生，再按年龄升序排。

表 3-7 students 表

stuId	stuName	sex	birth	telNo	Email
210101001	李勇	男	2003-9-10	28885692	Liyong@21cn.com
210101002	刘晨	女	2003-8-6	22285568	Liuchen@126.com
210101003	王晓敏	女	2003-5-30	22324912	Wangxm@21cn.com
220102011	欧小立	男	2004-1-2	23437869	Ouxl@126.com
220102012	欧小立	男	2004-7-16	22349008	Ou_xl@21cn.com

3.4.2 索引

索引本质上就是一种排序。在已排序的表中查找数据，通常速度会更快。索引的主要作用是为了加快数据的检索定位。有时，表中有索引和没有索引，查询的性能相差极远，足以影响用户的体验。比如，要查找姓王的学生，如果对学生表的姓名做了索引，通常速度就会更快。

分析图书目录的结构和作用有助于我们理解数据索引。对于一本有几百页的图书，我们如何快速地找到感兴趣的章节在哪里？读者肯定会说，先看图书的目录，找到该章节对应的页码。事实上，索引和图书目录的原理是类似的。

例如，如果对 courses 表的 corName 列建立索引，将会产生怎样的索引数据？如果要查找"操作系统"课程的学分，又是一个怎样的过程？

图 3-19 是索引原理的简单示意图。在索引数据中，corName 列已经按拼音的字典升序排列，查找起来非常快。假如现在要查找"操作系统"课程的学分，则先从 corName 列索引数据中找到"操作系统"，得到指针值后，再根据指针值从 courses 表中取得"操作系统"的学分，查询结果为 3。

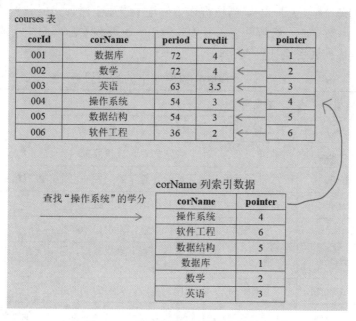

图 3-19 索引数据及其数据查找原理

　　既然索引能有效提高数据检索的速度，我们是否该为数据表尽可能多地建立索引呢？实际上，表上的索引并不是越多越好。通常情况下，只有当经常查询索引列中的数据时，才需要对该列创建索引。索引数据会占用磁盘空间，过度索引可能降低数据添加、删除和更新的速度。不过在多数情况下，索引所带来的数据检索速度的优势大大超过它的不足之处。另外，如果列的数据存在大量重复，索引的效果将不明显，比如，性别只有"男"和"女"两种取值，则创建索引的作用不大。

　　在创建索引前，必须确定表中需要建立索引的列和创建的索引类型。

　　可基于数据库表中的单列或多列创建索引。这里的"列"即字段。用于索引的列称作索引列。当某些行中的某一列具有相同的值时，多列索引能区分开这些行。如果经常同时搜索两列或多列，或是按两列或多列排序时，索引也很有帮助。例如，如果经常在同一查询中为姓和名两列设置准则，那么在这两列上创建多列索引将很有意义。

　　常用的索引类型有唯一索引、非唯一索引、主键索引等。

　　唯一索引不允许两行数据具有相同的索引值，但允许有空值。如果现有数据中存在重复的键值，则只能创建非唯一索引。当新数据存入使表中的键值重复时，若预先在该键上建有唯一索引，数据库将拒绝接受此数据。数据库对于唯一索引和非唯一索引的组织机制是不同的。

　　例如，如果在 students 表中的 stuName 列上创建了唯一索引，则所有的学生不能同名同姓，这显然不符实际情况，所以真正的应用不会将姓名设为唯一索引，可以设为非唯一索引。

　　【注意】　如果某列有多行包含 NULL 值，则不能在该列上创建唯一索引。同样，如果列的组合中有多行包含 NULL 值，则不能在多个列上创建唯一索引。在创建索引时，这些被视为重复的值。

　　定义表时，系统自动为主键创建主键索引，主键索引是唯一索引的特殊类型。主键索引要求主键中的每个值是唯一的。当在查询中使用主键索引时，访问数据的速度很快。

　　对于 student 数据库，有哪些表需要创建索引？这要视实际应用的功能需求而定，初步分析，该数据库的索引设计见表 3-8。

表 3-8　student 数据库中的索引设计

表	索引列	索引类型	理　由
students	stuId	主键索引	作为主键，索引自动产生
	stuName	非唯一索引	经常按姓名查找数据
	birth	非唯一索引	经常计算年龄，做与出生年月日相关的查找
	telNo	非唯一索引	有时按电话查找数据
courses	corId	主键索引	作为主键，索引自动产生
	corName	唯一索引	常按课程名查找数据，希望所有课程都有唯一名称，以示区分
sc	stuId, corId	主键索引	作为主键，索引自动产生
	strDate	非唯一索引	选修时，需经常做时间判断、限定时间范围等

为表创建索引的命令格式如下：

CREATE [UNIQUE] INDEX 索引名 ON 表名 (列名) [ASC|DESC]

其中，UNIQUE 为可选参数，表示唯一索引；索引名最好使用有意义的名称以方便识别；如果基于数据表中的单列创建索引，则列名为单个列，如果基于多列创建索引，则列名包含多个，用逗号隔开；ASC 或 DESC 指定升序或降序排列索引数据。

【例 3-9】 在 student 数据库中，为 courses 表的 corName 列设置唯一索引。

创建索引的命令为：

```
CREATE UNIQUE INDEX corNameIdx ON courses (corName);
```

命令运行结果如图 3-20 所示。

```
mysql> CREATE UNIQUE INDEX corNameIdx ON courses (corName);
Query OK, 0 rows affected (0.14 sec)
Records: 0  Duplicates: 0  Warnings: 0
```

图 3-20 创建索引

可以使用 SHOW INDEX 命令来查看表中存在哪些索引，如查看 courses 表的索引，可以执行命令：

```
SHOW INDEX FROM courses;
```

命令运行结果如图 3-21 所示。

```
mysql> show index from courses;
+---------+------------+------------+--------------+-------------+-----------+-------------+
| Table   | Non_unique | Key_name   | Seq_in_index | Column_name | Collation | Cardinality |
| Visible | Expression |
+---------+------------+------------+--------------+-------------+-----------+-------------+
| courses |          0 | PRIMARY    |            1 | corId       | A         |           7 |
| YES     | NULL       |
| courses |          0 | corNameIdx |            1 | corName     | A         |           7 |
| YES     | NULL       |
+---------+------------+------------+--------------+-------------+-----------+-------------+
```

图 3-21 查看 courses 表的索引

【练习 3-12】 请根据表 3-8 的索引设计，在 student 数据库中创建这些索引(唯一索引、非唯一索引至少各做一项)。

3.5 实 施 约 束

约束是施加在数据库的表上或者表与表之间的一些规则。约束的作用是保证数据库中的数据始终处于正确的状态。

分析 student 数据库，可得到如表 3-9 所示的约束设计，其中的主键约束、外键约束已略去。

表 3-9　student 数据库中的约束

表	约　束	说　明
students	stuName 列取值不能为空	姓名列不允许取空值
	sex 列默认值为男	学校男生较多，如果不输入性别，系统默认赋值为"男"
	学生入学时年龄不可超过 25 岁	这是用户自定义的业务规则，必须有学生入学时间和出生年月日，由此计算出入学时的年龄，然后与 25 比较
courses	corName 列取值唯一	课程名称不允许重复
sc	score 列值只能在 0 到 100 之间	实行百分制，成绩超出这个范围则没有意义

要注意的是，有实在的意义的规则才是我们所需要的，规则必须在数据的有效性、一致性方面发挥确切有效的作用。例如，"出生年月日必在 1900 年以后及当前日期之前"，用这样的规则去约束学生的出生年月日作用不大；但如果学校要求学生入学年龄不能超过 25 岁，那便是有意义的规则了。

判断一个约束是否必要，可根据以下几个原则：

(1) 可减少输入错误，保证数据的有效性。

(2) 约束能够满足业务的需求，是用户提出来的，不是自己硬找出来的。

(3) 当指定一个键是主键或外键时，此处隐含了约束(即实体完整性和参照完整性)。

3.5.1　实施非空约束

如果对表中的列实施了非空约束，则该列的取值不允许为空值。如果用户在实施了非空约束的列上输入了空值，则数据库系统将会报错。非空约束使用"not null"来表示。

【例 3-10】　对 students 表的 stuName 列实施非空约束。

可在创建 students 表时直接实施该约束，命令如下：

```
create table students
(
    stuId char(9) primary key,
    stuName varchar(10) not null,
    class varchar(30),
    sex enum('男','女'),
    birth date,
    telNo varchar(15),
    Email varchar(50),
    comment varchar(100)
);
```

如果 students 表已经创建完成，可使用以下命令添加约束：

```
ALTER TABLE students MODIFY stuName varchar(10) NOT NULL;
```

命令执行完成后，使用 DESCRIBE 语句来查看 students 表的结构，结果如图 3-22 所示。图中，Null 列下 stuId 行和 stuName 行的值为 NO，表示已实施非空约束，stuId 列和 stuName 列不允许为空。

```
mysql> desc students;
+----------+--------------+------+-----+---------+-------+
| Field    | Type         | Null | Key | Default | Extra |
+----------+--------------+------+-----+---------+-------+
| stuId    | char(9)      | NO   | PRI | NULL    |       |
| stuName  | varchar(10)  | NO   |     | NULL    |       |
| class    | varchar(30)  | YES  |     | NULL    |       |
| sex      | enum('男','女')| YES  |     | NULL    |       |
| birth    | date         | YES  |     | NULL    |       |
| telNo    | varchar(15)  | YES  |     | NULL    |       |
| Email    | varchar(50)  | YES  |     | NULL    |       |
| comment  | varchar(100) | YES  |     | NULL    |       |
+----------+--------------+------+-----+---------+-------+
8 rows in set (0.00 sec)
```

图 3-22　查看 students 表的结构

3.5.2　实施唯一约束

如果对表中的列实施了唯一约束，则该列的取值不允许重复。如果用户在实施了唯一约束的列上输入了重复值，数据库系统将会报错。实施了唯一约束的列允许为空，但空值只能出现一次。唯一约束使用"unique"来表示。

【例 3-11】　对 courses 表的 corName 列实施唯一约束。

可在创建 courses 表时直接实施该约束，命令如下：

```
create table courses
(
    corId char(3) primary key,
    corName varchar(30) unique,
    period tinyint,
    credit decimal(2,1)
);
```

如果 courses 表已经创建完成，可使用以下命令添加约束：

```
ALTER TABLE courses MODIFY corName varchar(30) UNIQUE;
```

命令执行完成后，使用 DESCRIBE 语句来查看 courses 表的结构，结果如图 3-23 所示。图中，Key 列下 corName 行的值为 UNI，表示已实施唯一约束，corName 列下的数据不允许出现重复。

```
mysql> desc courses;
+----------+--------------+------+-----+---------+-------+
| Field    | Type         | Null | Key | Default | Extra |
+----------+--------------+------+-----+---------+-------+
| corId    | char(3)      | NO   | PRI | NULL    |       |
| corName  | varchar(30)  | YES  | UNI | NULL    |       |
| period   | tinyint      | YES  |     | NULL    |       |
| credit   | decimal(2,1) | YES  |     | NULL    |       |
+----------+--------------+------+-----+---------+-------+
4 rows in set (0.00 sec)
```

图 3-23　查看 courses 表的结构

3.5.3　实施默认约束

如果对表中的列实施了默认约束，则该列下的数据如果不输入数值，系统将使用指定的默认值进行填充。默认约束使用"default 值"来表示。

【例 3-12】对 students 表的 sex 列实施默认约束，如果不输入数据，性别默认为"男"。

可在创建 students 表时直接实施该约束，命令如下：

```
create table students
(
    stuId char(9) primary key,
    stuName varchar(10) not null,
    class varchar(30),
    sex enum('男','女') default '男',
    birth date,
    telNo varchar(15),
    Email varchar(50),
    comment varchar(100)
);
```

如果 students 表已经创建完成，可使用以下命令添加约束：

```
ALTER TABLE students MODIFY sex enum('男','女') DEFAULT '男';
```

命令执行完成后，使用 DESCRIBE 语句来查看 students 表的结构，结果如图 3-24 所示。图中，Default 列下 sex 行的值为"男"，表示已实施默认约束。

图 3-24　查看 students 表的结构

3.5.4　实施用户自定义约束

除对表实施非空、唯一、默认约束外，用户还可以根据业务逻辑的需要，在数据库中实施其他自定义的约束。在表 3-9 student 数据库的约束设计中，学生入学时年龄不可超过 25 岁、课程成绩的值只能在 0～100 之间等都属于用户自定义约束。用户自定义约束使用"check (表达式)"来表示。

【**例 3-13**】　因课程成绩实行百分制，现对 sc 表的 score 列实施约束，使该列的数据取值范围在 0～100 之间。

实施约束的命令如下：

```
ALTER TABLE sc ADD check(score >=0 and score<=100);
```

该命令表示对 sc 表添加了一个 check 约束，使得 score 列的数值只能在 0 到 100 之间取值。命令执行成功后，如果尝试将不在该范围内的数值输入 score 列，如输入 200，系统将报错，如图 3-25 所示。

```
mysql> insert into sc values('210101001','004',200,'2022-2-1');
ERROR 3819 (HY000): Check constraint 'sc_chk_1' is violated.
```

图 3-25　约束生效

【**练习 3-13**】　尝试运行本节的案例，为 student 数据库中的数据表实施约束。

第4章　查 询 数 据

本章重点

(1) 掌握单表查询的实现方法；

(2) 理解连接查询的原理，掌握其实现方法；

(3) 掌握嵌套查询的实现方法。

本章难点

(1) 掌握查询条件的形式化表示；

(2) 理解内连接、外连接的原理。

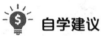

自学建议

按顺序阅读并完成练习。

教学建议

建议根据本章的结构，采用案例教学，按照【语法】→【实例】→【练习】的顺序进行讲解。对于每个练习，可让学生先写出 SQL 语句，然后上机验证。每个学生备上红笔，在老师讲完答案后用红笔修正。如果不是在机房讲授，亦可让学生先写 SQL 语句，上机时再实际操练验证。

4.1　了 解 SQL

SQL(Structured Query Language)称为结构化查询语言，它是专门应用于关系数据库中，实现对数据各种操作的语言。尽管名为查询语言，实际上 SQL 的功能包括查询、操纵、定义和控制四个方面，而完成这些功能只需用到表 4-1 所示的九个动词。

表 4-1　SQL 的动词

SQL 功能	动　　　词
数据查询	SELECT
数据操纵	INSERT，UPDATE，DELETE
数据定义	CREATE，DROP，ALTER
数据控制	GRANT，REVOKE

SQL 可以独立完成数据库生命周期中的全部活动，包括定义关系模式、输入数据、创建数据库、查询数据表、更新数据表、维护数据表、重构数据库、数据库安全性控制等一系列操作，为数据库应用系统开发提供了良好的环境。在数据库系统投入运行后，SQL 还可以根据需要随时修改模式，且不影响数据库的运行，从而使系统具有良好的可扩展性。

使用 SQL 进行数据操作时，用户只需提出"要做什么"，而不必指明"怎么去做"。因此，用户无须了解数据存取路径，存取路径的选择以及 SQL 语句的操作过程由系统自动完成。这样既大大减轻了用户的负担，也有利于提高数据的独立性。

由于设计巧妙、语言简洁、接近英语口语的特点，使得 SQL 容易学习，也容易使用。关系数据库系统使用 SQL 语言作为共同的数据存取语言和标准接口，经久不衰。当然，SQL 语言易学但难精，想要真正灵活应用它还得下苦功。

本单元将详细介绍 SQL 中实现数据查询的方法。数据保存在数据库系统以后，用户根据业务的需要会经常查询数据的状态。例如，进销存系统中，管理员要查询库存产品的数量；人力资源管理系统中，HR 要查询员工的基本信息；学生选课与成绩管理系统中，学生要查询所选修课程的成绩等等。数据查询是数据库中核心且执行频繁的操作。

SQL 语言使用 SELECT 动词完成数据查询，其一般格式为：

SELECT [ALL|DISTINCT] <目标列表达式>[，<目标列表达式>，]…

FROM <表名或视图名> [，<表名或视图名>]…

[WHERE<条件表达式>]

[GROUP BY<列名 1> [HAVING <条件表达式>]]

[ORDER BY<列名 2 >[ASC|DESC]]

【说明】 "[ ]"中的语句表示可以省略，"|"表示二者选其一。

整个 SELECT 语句的含义是，根据 WHERE 子句的条件表达式，从 FROM 子句指定的基本表或视图中找出满足条件的记录，再按 SELECT 子句中的目标列表达式，选出记录中的列值形成结果表；如果有 GROUP BY 子句，则将结果按列名 1 的值进行分组，该列值相等的记录为一个组，通常会在每组中使用聚合函数；如果 GROUP BY 子句后带HAVING 子句，则只有满足指定条件的组才予以输出；如果有 ORDER BY 子句，则结果表按列的值升序或降序排序。

SELECT 语句使用灵活，功能丰富，既可以完成简单的单表查询(查询结果来自同一个表)，又可以完成复杂的多表查询(查询结果来自多个表)。

4.2　实现单表查询

本节介绍单表查询基本语句的用法。单表查询指的是查询的数据来自同一张数据表。为了学习的方便，本书查询部分使用 student 数据库作为学习示例。该数据库包含三张表，结构如下：

(1) students(stuId，stuName，class，sex，birth，telNo，Email，comment)，用于记录学生的基本信息，包括学号、姓名、班级、性别、出生日期、电话号码、电子邮件地址和备注信息。

(2) courses(corId，corName，period，credit)，用于记录课程的基本信息，包括课程号、课程名、学时和学分。

(3) sc(stuId，corId，score，strDate)，用于记录学生选修课程的情况，包括学号、课程号、成绩和选修日期。

我们可以通过 Navicat 的 ER 图表功能查看 student 数据库的关系图，以帮助用户了解数据库的结构。操作方法为：在"查看"菜单下选择"ER 图表"(如图 4-1 所示)，以 ER 图表方式查看数据库的表结构(如图 4-2 所示)。从该图中可以清晰地看到各表的结构，包括字段名称、数据类型和主键，表之间的连线表示两表之间存在主外键关联。为方便演示，表中已添加了部分样例数据。

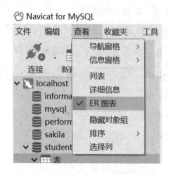

图 4-1　打开 ER 图表

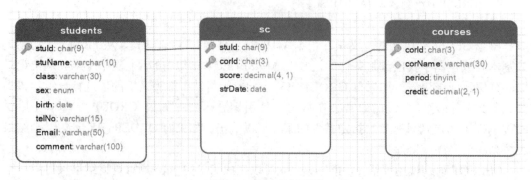

图 4-2　数据库关系图

4.2.1　查询表中的列

SELECT 子句中的目标列表达式，可以是列名的列表，也可以是算术表达式或者函数。

【例 4-1】 查询全体学生的姓名、学号、班级。

具体查询语句如下：

```
SELECT stuName,stuId,class
FROM students;
```

运行结果如图 4-3 所示。

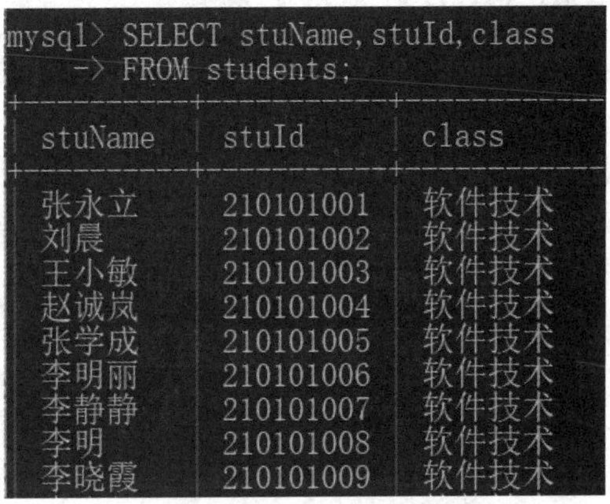

```
mysql> SELECT stuName,stuId,class
    -> FROM students;
+----------+-----------+----------+
| stuName  | stuId     | class    |
+----------+-----------+----------+
| 张永立   | 210101001 | 软件技术 |
| 刘晨     | 210101002 | 软件技术 |
| 王小敏   | 210101003 | 软件技术 |
| 赵诚岚   | 210101004 | 软件技术 |
| 张学成   | 210101005 | 软件技术 |
| 李明丽   | 210101006 | 软件技术 |
| 李静静   | 210101007 | 软件技术 |
| 李明     | 210101008 | 软件技术 |
| 李晓霞   | 210101009 | 软件技术 |
```

图 4-3　例 4-1 运行结果

从本例可知，查询结果中各个列的先后顺序可以与原表中的顺序不一致。

【例 4-2】 查询全体学生的详细信息。

具体查询语句如下：

```
SELECT *
FROM students;
```

运行结果如图 4-4 所示。

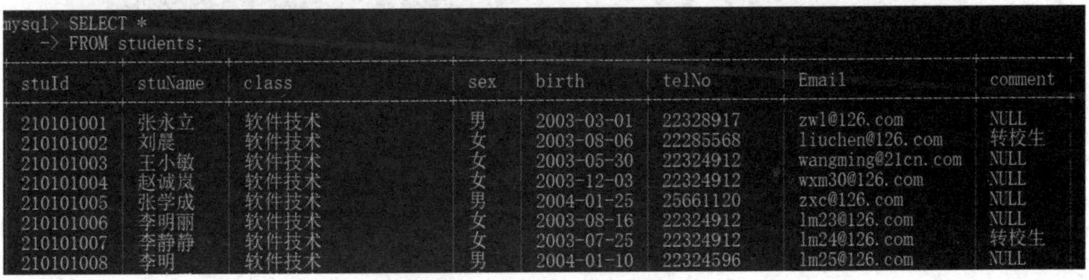

```
mysql> SELECT *
    -> FROM students;
+-----------+---------+----------+-----+------------+----------+--------------------+---------+
| stuId     | stuName | class    | sex | birth      | telNo    | Email              | comment |
+-----------+---------+----------+-----+------------+----------+--------------------+---------+
| 210101001 | 张永立  | 软件技术 | 男  | 2003-03-01 | 22328917 | zwl@126.com        | NULL    |
| 210101002 | 刘晨    | 软件技术 | 女  | 2003-08-06 | 22285568 | liuchen@126.com    | 转校生  |
| 210101003 | 王小敏  | 软件技术 | 女  | 2003-05-30 | 22324912 | wangming@21cn.com  | NULL    |
| 210101004 | 赵诚岚  | 软件技术 | 女  | 2003-12-03 | 22324912 | wxm30@126.com      | NULL    |
| 210101005 | 张学成  | 软件技术 | 男  | 2004-01-25 | 25661120 | zxc@126.com        | NULL    |
| 210101006 | 李明丽  | 软件技术 | 女  | 2003-08-16 | 22324912 | lm23@126.com       | NULL    |
| 210101007 | 李静静  | 软件技术 | 女  | 2003-07-25 | 22324912 | lm24@126.com       | 转校生  |
| 210101008 | 李明    | 软件技术 | 男  | 2004-01-10 | 22324596 | lm25@126.com       | NULL    |
```

图 4-4　例 4-2 运行结果

从本例可知，要查询表中的全部列，可以将所有的列名写在 SELECT 关键字的后面，也可以用“*”替代。用“*”替代时，查询结果中列的先后顺序与原表的顺序一致。

【例 4-3】 查询 sc 表中学生的学号以及每名学生加 5 分后的成绩。

具体查询语句如下：

```
SELECT stuId,score+5 AS  加分成绩
FROM sc;
```

运行结果如图 4-5 所示。

```
mysql> SELECT stuId, score+5 AS 加分成绩
    -> FROM sc;
+-----------+----------+
| stuId     | 加分成绩 |
+-----------+----------+
| 210101001 |    100.0 |
| 210101001 |    105.0 |
| 210101001 |     75.0 |
| 210101001 |     85.0 |
| 210101001 |     95.0 |
| 210101001 |     90.0 |
| 210101001 |    100.0 |
| 210101001 |     75.0 |
```

图 4-5　例 4-3 运行结果

从本例可知，目标列表达式可以是算术表达式。因算术表达式 “成绩+5”不是表中的列，查询结果中该列无列名。为了使查询结果的含义清晰，用关键字 AS 给该表达式取了一个别名“加分成绩”。

【注意】 算术表达式可以是由加 (+) 减 (–) 乘 (*) 除 (/) 等算术运算符连接的简单或复杂表达式。

【例 4-4】 查询每个学生的学号、姓名、班级、和出生的年份。

具体查询语句如下：

```
SELECT stuId, stuName,class,YEAR(birth)   AS 出生年份
FROM students;
```

运行结果如图 4-6 所示。

```
mysql> SELECT stuId, stuName, class, YEAR(birth)  AS 出生年份
    -> FROM students;
+-----------+---------+----------------------+----------+
| stuId     | stuName | class                | 出生年份 |
+-----------+---------+----------------------+----------+
| 210101001 | 张永立  | 软件技术             |     2003 |
| 210101002 | 刘晨    | 软件技术             |     2003 |
| 210101003 | 王小敏  | 软件技术             |     2003 |
| 210101004 | 赵诚岚  | 软件技术             |     2003 |
| 210101005 | 张学成  | 软件技术             |     2004 |
| 210101006 | 李明丽  | 软件技术             |     2003 |
| 210101007 | 李静静  | 软件技术             |     2003 |
| 210101008 | 李明    | 软件技术             |     2004 |
```

图 4-6　例 4-4 运行结果

从本例可知，目标列表达式可以是函数。YEAR 函数语法为：YEAR (日期表达式)，该函数返回日期表达式中的年份值。

【注意】 数据库中函数的概念与数学中函数的概念类似。函数包括函数名、参数、返回值等部分。根据函数的定义，将参数带入进行计算或处理，得出的结果即为返回值。在 MySQL 数据库中内置了一系列的系统函数。所谓函数的调用，简单地说，就是在 SQL 语句中使用这些函数。上例中即调用了系统函数中的日期时间函数“YEAR()”。在 SQL 语句中调用函数时，需写出函数的名称，如果函数带有参数，则参数写在函数名后的括号

中。如"YEAR(birth)"。

为增强代码的可读性,可以为代码添加一些注释文字。MySQL 中的语句注释有两种,一种是以符号"--"或"#"开头的行注释,意为"--"或"#"后的注释文字只能写在一行之内,适用于注释内容较少的情况。需要注意,使用符号"--"作注释,--后面需输入一个空格,再添加注释文字。另一种是以符号"/*"开头,以符号"*/"结尾的段落注释,此时注释可以是一段文字,适用于注释内容较多需要换行的情况。

【练习 4-1】 查询全部课程的课程号和课程名。

【练习 4-2】 查询 sc 表中全部学生选修课程的详细信息。

【练习 4-3】 查询 courses 表中的课程名和每门课程学时增加 10%之后的学时数。

【练习 4-4】 查询 courses 表中的课程号、课程名和学分,要求学分四舍五入到整数显示。(提示:使用数学函数 ROUND( ))

【练习 4-5】 查询每名的学生的学号、姓名和年龄。(提示:年龄=当前年份−出生年份,使用日期时间函数 GETDATE( )和 YEAR( )。)

4.2.2 消除结果中的重复行

【例 4-5】查询选修了课程的学生的学号,要求相同的学号在查询结果中只显示一次。

学生选修课程的信息保存在 sc 表中,因此我们很自然想到使用以下查询语句:

```
SELECT stuId
FROM sc;
```

运行结果如图 4-7 所示。

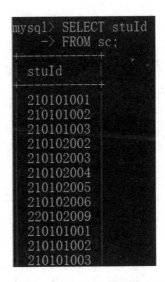

图 4-7 例 4-5 运行结果 1

从图中可以看出,相同的学号出现了多次,不符合题目的要求。如何去掉重复出现的学号呢?此时,必须在 SELECT 语句中指定 DISTINCT 子句。符合题意的查询语句为:

```
SELECT DISTINCT stuId
FROM sc;
```

运行结果如图 4-8 所示。

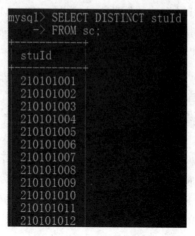

图 4-8　例 4-5 运行结果 2

【注意】　如果没有在 SELECT 子句中指定 DISTINCT 短语，则缺省为 ALL，即保留结果表中取值重复的行。

【练习 4-6】　查询 courses 表中课程的学分，要求在查询结果中去掉重复的行。

4.2.3　查询满足条件的记录

以上两节中，查询结果将表中的全部数据行按查询需求显示出来，然而在实际应用中，很多查询只需要显示表中的部分数据行，这就是带有条件的查询。例如，在 students 表中查询男生的记录，在 sc 表中查询选修成绩及格的学生记录等。查询满足条件的记录通过 WHERE 子句来实现。

WHERE 子句常用的查询条件如表 4-2 所示。

表 4-2　常用的查询条件

查询条件	谓　词
比较	=, >, <, >=, <=, !=, <>, !>, !<
确定范围	BETWEEN …AND…, NOT BETWEEN …AND…
确定集合	IN, NOT IN
字符匹配	LIKE, NOT LIKE
空值	IS NULL, IS NOT NULL
多重条件	AND, OR

下面分别对以上查询条件的用法进行详细介绍。请注意，以下案例如没有特别指明要查询哪些列，均表示查询表中的全部列。

1. 比较大小

SQL 中的部分比较运算符和数学中常用的运算符表示方式不同，如>=(大于或等于)，<=(小于或等于)，!=(不等于)，<>(不等于)，!>(不大于)，!<(不小于)等。

【例 4-6】 在 sc 表中查询选修成绩及格的学生记录。

查询语句为：

    SELECT *
    FROM sc
    WHERE score>=60;

运行结果如图 4-9 所示。

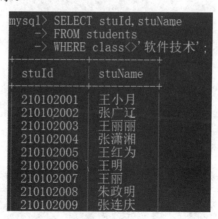

```
mysql> SELECT *
    -> FROM sc
    -> WHERE score>=60;
+-----------+-------+-------+------------+
| stuId     | corId | score | strDate    |
+-----------+-------+-------+------------+
| 210101001 | 001   |  95.0 | 2021-02-12 |
| 210101001 | 002   | 100.0 | 2021-09-02 |
| 210101001 | 003   |  70.0 | 2021-09-01 |
| 210101001 | 004   |  80.0 | 2021-09-01 |
| 210101001 | 005   |  90.0 | 2021-09-01 |
| 210101001 | 006   |  85.0 | 2021-09-01 |
| 210101001 | 007   |  95.0 | 2021-09-01 |
```

图 4-9　例 4-6 运行结果

【例 4-7】 查询 students 表中班级不是"软件技术"班的学生的学号和姓名。

查询语句为：

    SELECT stuId,stuName
    FROM students
    WHERE class<>'软件技术';

运行结果如图 4-10 所示。

```
mysql> SELECT stuId,stuName
    -> FROM students
    -> WHERE class<>'软件技术';
+-----------+----------+
| stuId     | stuName  |
+-----------+----------+
| 210102001 | 王小月    |
| 210102002 | 张广辽    |
| 210102003 | 王丽丽    |
| 210102004 | 张潇湘    |
| 210102005 | 王红为    |
| 210102006 | 王明      |
| 210102007 | 王丽      |
| 210102008 | 朱政明    |
| 210102009 | 张连庆    |
```

图 4-10　例 4-7 运行结果

本例中，表达式"班级<>'软件技术'"也可用"班级!='软件技术'"替代。

【注意】 在带有条件的查询中，表示查询条件的值有两类数据需要用单引号括起来。一类是字符串型数据，如 char、varchar、enum 等。上例中，因班级列的数据类型是字符串，所以列的值"软件技术"用单引号括起来了。另一类是日期和时间型数据，如 datetime、date 等。如表示出生年月日在 1992 年 1 月 2 日，表达式应该写作：出生年月日='1992-1-2'。

【练习 4-7】 在 students 表中查询所有男生的记录。

【**练习 4-8**】 在 courses 表中查询学时小于 40 学时的课程，查询结果包括课程名和学时列。

2. 确定范围

谓词 BETWEEN …AND…和 NOT BETWEEN …AND…用于查询表中某列的值在(或不在)指定范围内的记录，其中 BETWEEN 后是范围下限(即低值)，AND 后是范围的上限(即高值)。

【**例 4-8**】 在 sc 表中查询课程成绩为优秀的学生的学号、课程号和成绩(成绩在 90～100 分之间的为优秀)。

查询语句为：

　　SELECT stuId,corId,score

　　FROM sc

　　WHERE score BETWEEN 90 AND 100;

运行结果如图 4-11 所示。

图 4-11　例 4-8 运行结果 1

本例中，若要查询"课程成绩不为优秀的学生的学号、课程号和成绩"，则查询语句更改为：

　　SELECT stuId,corId,score

　　FROM sc

　　WHERE score NOT BETWEEN 90 AND 100;

运行结果如图 4-12 所示。

图 4-12　例 4-8 运行结果 2

【练习 4-9】 在 students 表中查询 2003 年出生的学生的记录。(提示：即查询出生日期在“2003-1-1”至“2003-12-31”之间的学生。)

3. 确定集合

如果查询条件不是一个连续的范围，而是几个固定的值的集合，则需要使用谓词 IN 和 NOT IN 来表示。

【例 4-9】 在 courses 表中查询“操作系统”“软件工程”和“数据结构”这三门课的详细信息。

查询语句为：

```
SELECT *
FROM courses
WHERE corName IN ('操作系统','软件工程','数据结构');
```

运行结果如图 4-13 所示。

```
mysql> SELECT *
    -> FROM courses
    -> WHERE corName IN ('操作系统','软件工程','数据结构');
+-------+----------+--------+--------+
| corId | corName  | period | credit |
+-------+----------+--------+--------+
| 004   | 操作系统 |     54 |    3.0 |
| 005   | 数据结构 |     54 |    4.0 |
| 006   | 软件工程 |     36 |    2.0 |
+-------+----------+--------+--------+
```

图 4-13　例 4-9 运行结果 1

本例中，若将查询修改为“除‘操作系统’‘软件工程’和‘数据结构’之外的其他课程信息”，则查询语句更改为：

```
SELECT *
FROM courses
WHERE corName NOT IN ('操作系统','软件工程','数据结构');
```

运行结果如图 4-14 所示。

```
mysql> SELECT *
    -> FROM courses
    -> WHERE corName NOT IN ('操作系统','软件工程','数据结构');
+-------+--------------------+--------+--------+
| corId | corName            | period | credit |
+-------+--------------------+--------+--------+
| 001   | 数据库             |     72 |    4.0 |
| 002   | 数学               |     72 |    4.0 |
| 003   | 英语               |     64 |    3.5 |
| 007   | 计算机网络应用     |     54 |    3.0 |
| 008   | 创造工程学         |     36 |    2.0 |
| 009   | 信息检索           |     60 |    3.0 |
| 010   | 3DS max            |     80 |    4.0 |
| 011   | 3D图像及动画设计   |     60 |    3.0 |
```

图 4-14　例 4-9 运行结果 2

【练习 4-10】 在 students 表中查询姓名为“刘晨”“王小敏”“赵丽”的学生的信息。

4. 字符匹配

有些情况下，我们可能不清楚查询的具体条件是什么。例如，要查询姓“王”的学生的信息，但不清楚学生的名字叫什么；要查询“数据库”的课程信息，但不知道课程的全称是什么。此类查询需要用字符匹配来实现。字符匹配类似于 Windows 操作系统中的模糊查找。

【例 4-10】 在学生表中查询姓“王”的学生的学号和姓名。

具体查询语句为：

```
SELECT stuId,stuName
FROM students
WHERE stuName LIKE '王%';
```

运行结果如图 4-15 所示。

```
mysql> SELECT stuId, stuName
    -> FROM students
    -> WHERE stuName LIKE '王%';
+-----------+---------+
| stuId     | stuName |
+-----------+---------+
| 210101003 | 王小敏  |
| 210101031 | 王小月  |
| 210101032 | 王不义  |
| 210101033 | 王明明  |
| 210102001 | 王小五  |
| 210102003 | 王丽丽  |
| 210102005 | 王红蒋  |
| 210102006 | 王明    |
| 210102007 | 王丽    |
+-----------+---------+
```

图 4-15　例 4-10 运行结果

本例中，为实现查询需求，WHERE 子句中使用了谓词 LIKE 加匹配串的格式。字符匹配的一般格式为：

```
[NOT]  LIKE  '匹配串'
```

其含义是查找指定列的值与匹配串相匹配的记录。

- 匹配串是固定字符串或含通配符的字符串。
- 当为固定字符串时，可以用“=”运算符取代 LIKE，用“!=”或“<>”运算符取代 NOT LIKE。
- 通配符“%”(百分号)代表任意长度(长度可以为 0)的字符串。例：a%b 表示以 a 开头，以 b 结尾的任意长度的字符串，如 acb、addpb、ab 等都满足该匹配串。
- 通配符“_”(下横线)代表任意单个字符，例：a_b 表示以 a 开头，以 b 结尾的长度为 3 的任意字符串，如 acb、afb 等都满足该匹配串。

【说明】 在其他数据库中可能用其他符号替代“%”和“_”，具体情况可查询相关数据库的帮助文档。

【例 4-11】　查询姓"欧阳"且全名为四个汉字的学生的名字。

具体查询语句为：

　　SELECT stuName

　　FROM students

　　WHERE stuName LIKE '欧阳＿＿';

运行结果如图 4-16 所示。

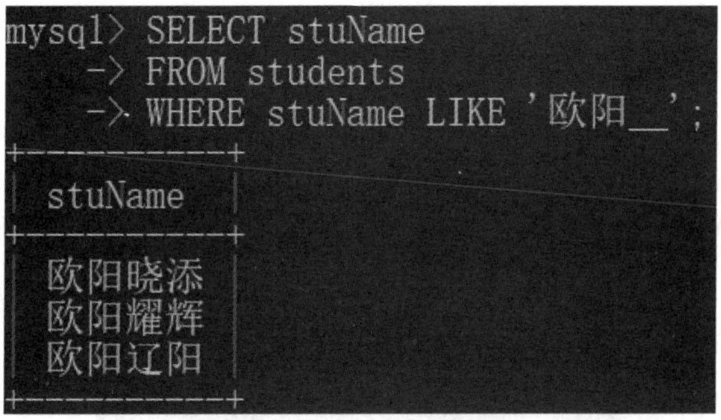

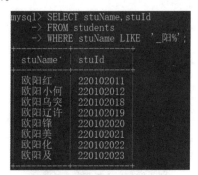

图 4-16　例 4-11 运行结果

本例中，因指定了要查找姓"欧阳"且全名为四个汉字的学生，此时匹配串中不能使用通配符"%"，只能使用两个"_"来进行表示，一个"_"代表一个汉字。

【注意】有些系统中，一个汉字占两个字符的位置，匹配串欧阳后面需要跟四个下横线"_"。

在处理这一类查询时，需要注意字符串中前导和后续空格的问题。因为空格也是一个字符，如果不小心在"欧阳＿＿"中输入了空格，变成"　欧阳＿＿　"，则系统认为要查找的是：以空格开头，姓"欧阳"且全名为四个汉字，并以空格结尾的学生名字，此时查询结果为空。

【例 4-12】　查询名字中第二个字为"阳"字的学生姓名和学号。

具体查询语句为：

　　SELECT stuName,stuId

　　FROM students

　　WHERE stuName LIKE '_阳%';

运行结果如图 4-17 所示。

图 4-17　例 4-12 运行结果

本例中，因指定查询名字中第二个字为"阳"字的学生，"阳"字前面有且只有一个汉字，而"阳"字后面有几个汉字没有要求，所以使用匹配串"_阳%"的形式来表示。

【例 4-13】 在 students 表中查询不姓"王"的所有学生的学号和姓名。

具体查询语句为：

    SELECT stuId,stuName
    FROM students
    WHERE stuName NOT LIKE '王%';

运行结果如图 4-18 所示。

```
mysql> SELECT stuId,stuName
    -> FROM students
    -> WHERE stuName NOT LIKE '王%';

stuId          stuName

210101001      张永立
210101002      刘晨
210101004      赵诚岚
210101005      张学成
210101006      李明丽
210101007      李静静
210101008      李明
210101009      李晓霞
```

图 4-18 例 4-13 运行结果

从本例可看出，如果查询条件取否定之意，则使用 NOT LIKE '匹配串' 的格式。

【练习 4-11】 在 courses 表中查询名称包含"数据库"的课程的课程号和学时。

【练习 4-12】 在 courses 表中查询课程名为四个汉字的课程信息。

【练习 4-13】 在 students 表中查询电话号码不以"22"开头的学生的学号、姓名和电话。

5. 涉及空值的查询

在 2.2.7 节中我们曾介绍过，空值是数据库中存在的一种特殊情况。在实际应用中，如果我们需要查询某些列为空值的记录，应该如何表示呢？

【例 4-14】 因考试旷考，sc 表中有学生某些课程的成绩为空值。查询成绩为空值的学生的学号和课程号。

具体查询语句为：

    SELECT stuId,corId
    FROM sc
    WHERE score IS NULL;

运行结果如图 4-19 所示。

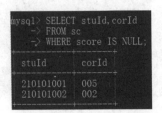

图 4-19 例 4-14 运行结果 1

本例中，成绩为空值的表达方式为“成绩 IS NULL”，不能用“成绩=NULL”替代。若将查询修改为“查询成绩不为空值的学生的学号和课程号”，则查询语句更改为：

```
SELECT stuId,corId
FROM sc
WHERE score IS NOT NULL;
```

运行结果如图 4-20 所示。

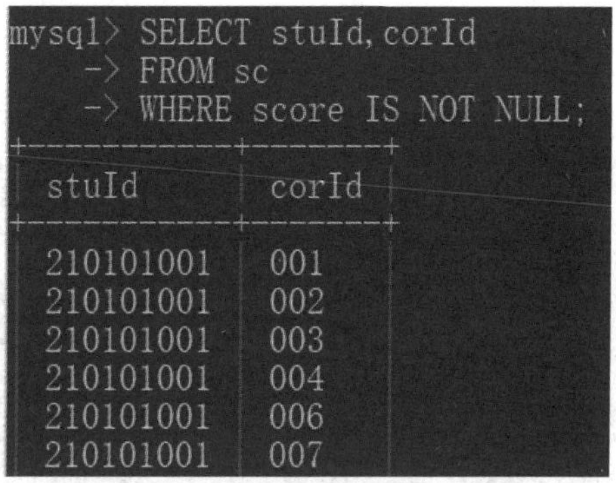

```
mysql> SELECT stuId, corId
    -> FROM sc
    -> WHERE score IS NOT NULL;
```

stuId	corId
210101001	001
210101001	002
210101001	003
210101001	004
210101001	006
210101001	007

图 4-20　例 4-14 运行结果 2

此处成绩不为空值的表达方式为“成绩 IS NOT NULL”，不能写作“成绩 NOT IS NULL”。

【练习 4-14】 在 students 表中查询备注为空值的学生信息。

6. 多重条件查询

如果查询的条件多于一个，我们称之为多重条件查询。例如查询学生表中计算机应用班的男生信息，查询课程表中学时大于 40 或者学分大于 3 分的课程信息等。多重条件查询中使用逻辑运算符 AND 和 OR 来连接多个查询条件。需要注意的是，AND 的优先级高于 OR，但可以用括号改变优先级。

【例 4-15】 查询学生表中计算机应用班的男生信息。

具体查询语句为：

```
SELECT *
FROM students
WHERE class='计算机应用' AND sex='男';
```

运行结果如图 4-21 所示。

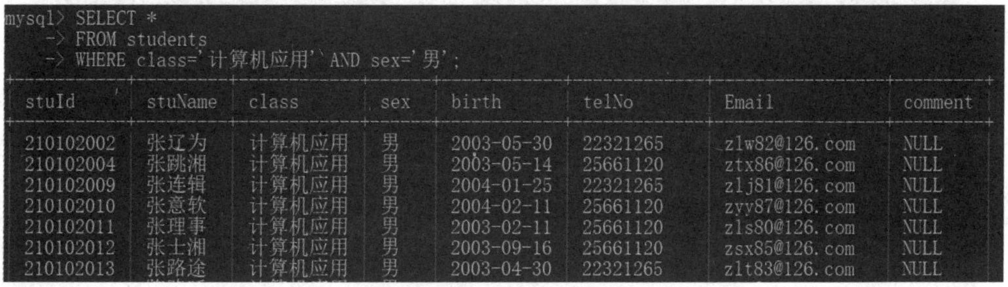

```
mysql> SELECT *
    -> FROM students
    -> WHERE class='计算机应用' AND sex='男';
```

stuId	stuName	class	sex	birth	telNo	Email	comment
210102002	张辽为	计算机应用	男	2003-05-30	22321265	zlw82@126.com	NULL
210102004	张跳湘	计算机应用	男	2003-05-14	25661120	ztx86@126.com	NULL
210102009	张连辑	计算机应用	男	2004-01-25	22321265	zlj81@126.com	NULL
210102010	张意软	计算机应用	男	2004-02-11	25661120	zyy87@126.com	NULL
210102011	张理事	计算机应用	男	2003-02-11	25661120	zls80@126.com	NULL
210102012	张士湘	计算机应用	男	2003-09-16	25661120	zsx85@126.com	NULL
210102013	张路途	计算机应用	男	2003-04-30	22321265	zlt83@126.com	NULL

图 4-21　例 4-15 运行结果

本例中包含两个查询条件，且两个条件必须同时满足，所以使用逻辑运算符 AND 将它们连接起来。

【例 4-16】 查询 courses 表中学时大于 40 或者学分大于 3 分的课程信息。

具体查询语句为：

```
SELECT *
FROM courses
WHERE period>40 OR credit>3;
```

运行结果如图 4-22 所示。

```
mysql> SELECT *
    -> FROM courses
    -> WHERE period>40 OR credit>3;
+--------+----------------------------+--------+--------+
| corId  | corName                    | period | credit |
+--------+----------------------------+--------+--------+
| 001    | 数据库                     |     72 |    4.0 |
| 002    | 数学                       |     72 |    4.0 |
| 003    | 英语                       |     64 |    3.5 |
| 004    | 操作系统                   |     54 |    3.0 |
| 005    | 数据结构                   |     54 |    4.0 |
| 007    | 计算机网络应用             |     54 |    3.0 |
```

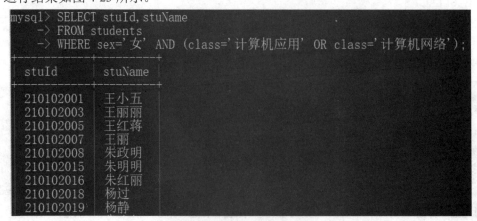

图 4-22　例 4-16 运行结果

本例中，两个查询条件是或者的关系，即满足其中之一即可，所以使用逻辑运算符 OR 将它们连接起来。

【例 4-17】 在 students 表中查询女生的学号和姓名，要求班级为计算机应用或者计算机网络班。

具体查询语句为：

```
SELECT stuId,stuName
FROM students
WHERE sex='女' AND (class='计算机应用' OR class='计算机网络');
```

运行结果如图 4-23 所示。

```
mysql> SELECT stuId, stuName
    -> FROM students
    -> WHERE sex='女' AND (class='计算机应用' OR class='计算机网络');
+-----------+---------+
| stuId     | stuName |
+-----------+---------+
| 210102001 | 王小五  |
| 210102003 | 王丽丽  |
| 210102005 | 王红蒋  |
| 210102007 | 王丽    |
| 210102008 | 朱政明  |
| 210102015 | 朱明明  |
| 210102016 | 朱红丽  |
| 210102018 | 杨过    |
| 210102019 | 杨静    |
```

图 4-23　例 4-17 运行结果

本例中，查询条件包含三个，为正确表达查询的原意，使用括号改变了逻辑运算符的优先级。注意，此处 (班级='计算机应用' OR 班级='计算机网络') 不能写作(班级='计算机应用' OR '计算机网络')。

【练习 4-15】 查询 sc 表中选修了 001 号课程且成绩不及格的学生的学号。

【练习 4-16】 查询 students 表中姓张或者姓王的学生的信息。

4.2.4 对查询结果排序

在 3.4.1 节中介绍了数据库的排序规则，本节介绍执行排序的 SQL 语句。所谓对查询结果排序，指的是根据排序规则，将查询结果按照指定的顺序(升序或者降序)排列显示。排序使用 ORDER BY 子句来实现。

【例 4-18】 查询选修了 001 号课程的学生的学号和成绩，查询结果按成绩升序排列。

具体查询语句为：

```
SELECT stuId,score
FROM sc
WHERE corId='001'
ORDER BY score;
```

运行结果如图 4-24 所示。

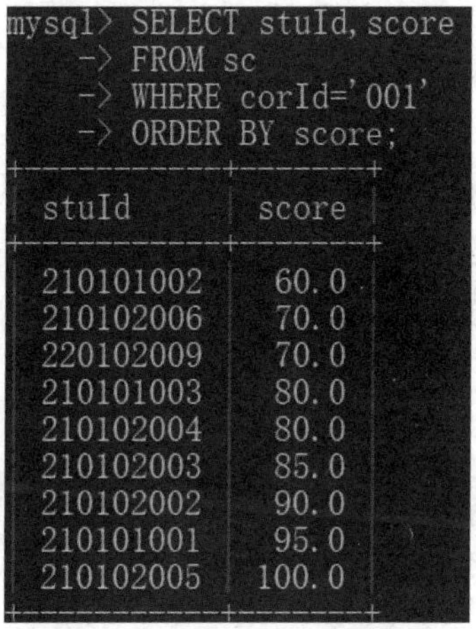

```
mysql> SELECT stuId, score
    -> FROM sc
    -> WHERE corId='001'
    -> ORDER BY score;
+-----------+-------+
| stuId     | score |
+-----------+-------+
| 210101002 |  60.0 |
| 210102006 |  70.0 |
| 220102009 |  70.0 |
| 210101003 |  80.0 |
| 210102004 |  80.0 |
| 210102003 |  85.0 |
| 210102002 |  90.0 |
| 210101001 |  95.0 |
| 210102005 | 100.0 |
+-----------+-------+
```

图 4-24　例 4-18 运行结果

本例中，子句“ORDER BY 成绩”用于对查询结果按成绩升序排列，实际上完整的语句应是“ORDER BY 成绩 ASC”，因为系统默认按升序排序，此处参数 ASC 可以省略。

【例 4-19】 查询 students 表中的学生信息，查询结果先按姓名升序排列，对于同名同姓的学生，再按出生年月日降序排列。

具体查询语句为：

```
SELECT *
FROM students
ORDER BY stuName,birth DESC;
```

运行结果如图 4-25 所示。

图 4-25　例 4-19 运行结果

本例中，指定了两个排序规则，所以在 ORDER BY 子句中从左到右依次写出排序的各列，用逗号隔开。按降序排列，需在列名的后面指明参数 DESC。

【练习 4-17】 查询 courses 表的课程号、课程名和学时。查询结果按课程号升序排列。

【练习 4-18】 查询学号为"100101001"的学生的选课信息，包括课程号、成绩。查询结果按成绩降序排列。

4.2.5　使用 LIMIT 限制查询结果的条数

使用 SELECT 语句对表进行数据查询时，查询结果为满足条件的所有记录。如果只需要返回查询结果的一部分，如前几行记录或指定的几行记录，则可以使用 LIMIT 关键字来实现。LIMIT 关键字的语法格式如下：

LIMIT [位置偏移量,] 行数

其中，第一个参数"位置偏移量"为可选参数，指明查询结果从哪一行开始显示。如果不指定位置偏移量，则会从查询结果的第一行开始显示。请注意，查询结果的第　条记录位置偏移量为 0，第二条记录位置偏移量为 1，以此类推。第二个参数行数表示要显示的记录行数。

【例 4-20】 查询 students 表的前五条记录。

具体查询语句为：

SELECT *

FROM students

LIMIT 5;

运行结果如图 4-26 所示。

图 4-26　例 4-20 运行结果

本例中，LIMIT 语句没有指定位置偏移量，则查询结果从 students 表的第一行开始，返回前五条记录。

【例 4-21】 查询 students 表中从第三条记录开始的三名学生的信息。

具体查询语句为：

```
SELECT *
FROM students
LIMIT 2,3;
```

运行结果如图 4-27 所示。

```
mysql> SELECT *
    -> FROM students
    -> LIMIT 2,3;
+-----------+---------+----------+-----+------------+----------+---------------------+---------+
| stuId     | stuName | class    | sex | birth      | telNo    | Email               | comment |
+-----------+---------+----------+-----+------------+----------+---------------------+---------+
| 210101003 | 王小敏   | 软件技术  | 女   | 2003-05-30 | 22324912 | wangming@21cn.com   | NULL    |
| 210101004 | 赵诚岚   | 软件技术  | 女   | 2003-12-03 | 22324912 | wxm30@126.com       | NULL    |
| 210101005 | 张学成   | 软件技术  | 男   | 2004-01-25 | 25661120 | zxc@126.com         | NULL    |
+-----------+---------+----------+-----+------------+----------+---------------------+---------+
3 rows in set (0.00 sec)
```

图 4-27 例 4-21 运行结果

本例中，LIMIT 语句指定了位置偏移量为 2，则查询结果从 students 表的第三行开始，返回后面的三条记录。

从以上两个例子可知，带一个参数的 LIMIT 语句指定从查询结果的首行开始，返回指定行数的记录，带两个参数的 LIMIT 语句可以从任何位置开始，返回指定行数的记录。

【练习 4-19】 查询 courses 表中的前三条课程记录。

【练习 4-20】 查询 courses 表中的从第六条记录开始的四条课程记录。

【练习 4-21】 查询 sc 表中学号为 "210101001" 的学生选修的前五条记录。

4.2.6 使用聚合函数

为了方便用户对数据进行汇总和统计，SQL 提供了一系列聚合函数。本节介绍常用聚合函数(见表 4-3 所示)的使用方法。其他聚合函数的方法可参考 MySQL 官方文档。

表 4-3 常用的聚合函数

函数名	作 用
COUNT( )	统计表中记录的总条数或表中某列包含数值的个数
SUM( )	计算一列值的总和 (此列数据类型必须是数值型)
AVG( )	计算一列值的平均值 (此列数据类型必须是数值型)
MAX( )	求一列中的最大值
MIN( )	求一列中的最小值

1. COUNT( )函数

COUNT( )函数用于统计表中记录的总条数或表中某列包含数值的个数,其使用格式有三种：

• COUNT(*)：统计表中记录的总条数。

- COUNT(列名)：统计表中某列包含数值的个数，忽略空值。
- COUNT(DISTINCT 列名)：统计表中某列包含数值的个数，忽略空值和重复值。

【例 4-22】 查询学生的总人数。

具体查询语句为：

```
SELECT COUNT(*) AS 学生总人数
FROM students;
```

运行结果如图 4-28 所示。

图 4-28　例 4-22 运行结果 1

本例中，聚合函数 COUNT(*)表示统计 students 表中记录的条数，因一条记录对应一个学生，所以查询得到的结果即为学生的总人数。因 SELECT 子句中使用了聚合函数，执行结果没有列名，故使用别名"学生总人数"。

因学生表中一个学号对应一个学生，也可以使用以下语句进行查询：

```
SELECT COUNT(stuId) AS 学生总人数
FROM students;
```

运行结果如图 4-29 所示。

图 4-29　例 4-22 运行结果 2

【例 4-23】 查询选修了课程的学生人数。

具体查询语句为：

```
SELECT COUNT(DISTINCT stuId) AS 选课人数
FROM sc;
```

运行结果如图 4-30 所示。

图 4-30　例 4-23 运行结果

本例中，因一个学生可能选修了多门课程，所以聚合函数中指定 DISTINCT 子句删除学号列中的重复值。

2. SUM( )函数

SUM( )函数用于计算表中一列数值数据的总和。因为需要进行求和运算，此列的数据类型必须是数值型。

【例 4-24】 查询学号为“210101001”的学生所选修课程的总成绩(即选修成绩的总和)。

具体查询语句为：

```
SELECT SUM(score) AS 总成绩
FROM sc
WHERE stuId='210101001';
```

运行结果如图 4-31 所示。

```
mysql> SELECT SUM(score) AS 总成绩
    -> FROM sc
    -> WHERE stuId='210101001';
+--------+
| 总成绩 |
+--------+
|  862.0 |
+--------+
1 row in set (0.00 sec)
```

图 4-31　例 4-24 运行结果

本例中，要求计算选修成绩的总和，所以使用聚合函数 SUM(score)。

【注意】实际应用中，请注意区分聚合函数 COUNT( )和 SUM( )。前者用于统计个数，后者用于求和。SUM( )参数的数据类型必须为数值型，否则无法进行求和计算。

3. AVG( )、MAX( )和 MIN( )函数

AVG( )函数用于计算表中一列数值数据的平均数。因为需要进行求平均数运算，此列的数据类型必须是数值型；MAX( )函数用于计算表中一列数据中的最大值；MIN( )函数用于计算表中一列数据中的最小值。MAX( )函数和 MIN( )函数的参数不一定是数值型数据，因为其他类型的数据也可以比较大小。

【例 4-25】 查询选修“001”号课程的学生的平均成绩，最高分和最低分。

具体查询语句为：

```
SELECT AVG(score) AS 平均成绩, MAX(score) AS 最高分, MIN(score) AS 最低分
FROM sc
WHERE corId='001';
```

运行结果如图 4-32 所示。

```
mysql> SELECT AVG(score) AS 平均成绩, MAX(score) AS 最高分, MIN(score) AS 最低分
    -> FROM sc
    -> WHERE corId='001';
+----------+--------+--------+
| 平均成绩 | 最高分 | 最低分 |
+----------+--------+--------+
| 81.11111 |  100.0 |   60.0 |
+----------+--------+--------+
1 row in set (0.01 sec)
```

图 4-32　例 4-25 运行结果

本例中，聚合函数 AVG(score)用于计算课程平均成绩，MAX(score)用于计算课程最高分，MIN(score)用于计算课程最低分。

【练习 4-22】 查询 courses 表中共有多少门课程。

【练习 4-23】 查询 courses 中课程的最长学时和最低学分分别是多少。

【练习 4-24】 查询学号为“210101003”的学生所选修课程的总成绩和平均成绩。

4.2.7　对查询结果分组

GROUP BY 子句用于将查询结果按表中某一列或者多列的值分组，值相等的分为一组。对查询结果分组的目的是为了细化聚合函数的作用对象。其语法格式如下：

```
SELECT <列名>, [聚合函数]
FROM <表名或视图名>
GROUP BY <列名>
[HAVING <条件表达式>]
```

整个语句的含义是，先将表按某列名的值进行分组，该列值相等的记录分为同一个组。通常会在每组中使用聚合函数。如果 GROUP BY 子句带 HAVING 子句，则只有满足指定条件的组才会在查询结果中输出。

如果不进行分组，聚合函数将作用于整个查询结果，分组之后，聚合函数将作用于组，在每个组内进行聚合函数的统计或者计算。例如，统计学生表中男女生各有多少人，先按性别将学生分为男女两组，在组内再分别计算学生人数。

【例 4-26】 统计 students 表中男女生各有多少人。

具体查询语句为：

```
SELECT sex, COUNT(stuId) AS 学生人数
FROM students
GROUP BY sex;
```

运行结果如图 4-33 所示。

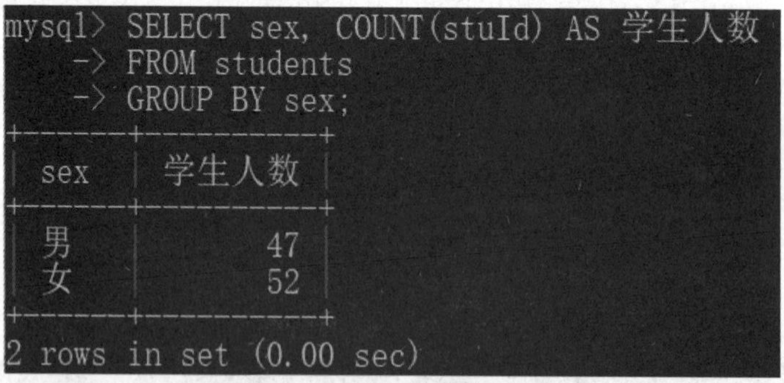

```
mysql> SELECT sex, COUNT(stuId) AS 学生人数
    -> FROM students
    -> GROUP BY sex;
+------+----------+
| sex  | 学生人数 |
+------+----------+
| 男   |       47 |
| 女   |       52 |
+------+----------+
2 rows in set (0.00 sec)
```

图 4-33　例 4-26 运行结果

本例中，使用子句“GROUP BY sex”先将学生分为两组，即男女生各一组，然后将聚合函数 COUNT(stuId)作用于每组内，用于统计组内的学生人数。

例 4-22 中，因未使用子句 GROUP BY 进行分组，聚合函数 COUNT(stuId)作用于整个查询结果，所以得出的统计结果是学生的总人数。

具体查询语句为：

```
SELECT COUNT(stuId) AS 学生总人数
FROM students;
```

如果分组后还要求按一定的条件对这些组进行条件筛选，最终只输出满足指定条件的组，则可以使用 HAVING 短语指定筛选条件。

【例 4-27】 查询选修了 3 门以上课程(包含 3 门)学生的学号和选修的课程数。

具体查询语句为：

```
SELECT stuId, COUNT(corId) as 课程数
FROM sc
GROUP BY stuId
HAVING COUNT(corId)>=3;
```

运行结果如图 4-34 所示。

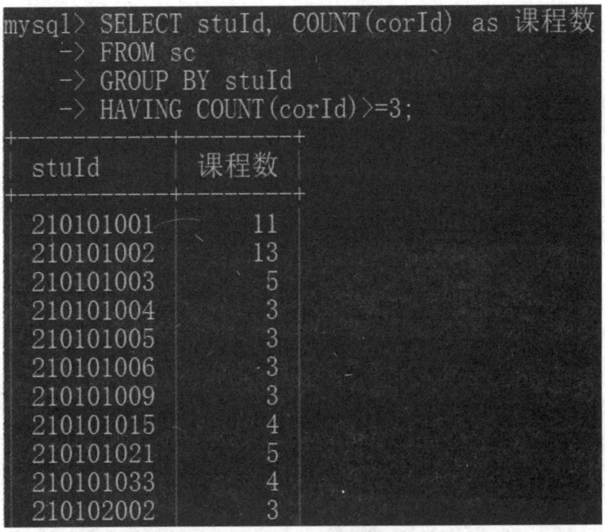

```
mysql> SELECT stuId, COUNT(corId) as 课程数
    -> FROM sc
    -> GROUP BY stuId
    -> HAVING COUNT(corId)>=3;
+-----------+--------+
| stuId     | 课程数 |
+-----------+--------+
| 210101001 |     11 |
| 210101002 |     13 |
| 210101003 |      5 |
| 210101004 |      3 |
| 210101005 |      3 |
| 210101006 |      3 |
| 210101009 |      3 |
| 210101015 |      4 |
| 210101021 |      5 |
| 210101033 |      4 |
| 210102002 |      3 |
```

图 4-34　例 4-27 运行结果

本例中，子句“GROUP BY stuId”先将选修表中的记录按 stuId 进行分组，学号相同的记录放在同一组内，聚合函数 COUNT(corId)作用于组内，统计同一学号(即同一学生)选修的课程数。“HAVING COUNT(corId)>=3”用于在分组中进行条件筛选，将选修课程数大于等于 3 门的查询结果保留下来，其他的删除。

【例 4-28】 查询男生超过 10 人的班级和人数。

具体查询语句为：

```
SELECT class, COUNT(*) As 人数
FROM students
WHERE sex='男'
GROUP BY class
HAVING COUNT(*)>10
```

运行结果如图 4-35 所示。

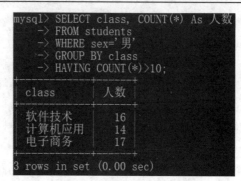

图 4-35　例 4-28 运行结果

　　本例用到 WHERE 和 HAVING 两个条件子句，WHERE 子句与 HAVING 子句的区别在于作用对象不同。WHERE 子句作用于基本表或视图，从中选择满足条件的记录。HAVING 子句作用于组，从中选择满足条件的组。

　　【练习 4-25】　查询 students 表中各班级的学生人数。

　　【练习 4-26】　查询 sc 表中每门课程的选课人数。

　　【练习 4-27】　查询 students 表中班级人数在 35 人以下的班级名称。

　　【练习 4-28】　查询 sc 表中选课人数低于 5 人的课程的课程号。

4.3　实现连接查询

　　在 4.2 节介绍了单表查询，查询只针对一张表进行。在实际应用中，如果查询同时涉及两张或两张以上的表，则可用连接查询来处理。连接查询是关系数据库中很常见的一类查询，本节将对其进行介绍。

4.3.1　理解连接查询原理

　　为实现连接查询，读者需要首先理解连接查询的实现原理。为了方便表述，我们对 student 数据库中表的结构进行了简化，并填充了少量样例数据。简化后的 students 表、courses 表、sc 表分别如表 4-4、表 4-5、表 4-6 所示。

表 4-4　students

stuId	stuName	sex
210101001	李勇	男
210101002	刘晨	女

表 4-5　courses

corId	corName	credit
001	数据库	4
002	数学	4
003	英语	3.5

表 4-6 sc

stuId	corId	score
210101001	001	85
210101001	002	92

现要求查询学生选修课程的情况，在查询结果中显示 students 表的全部字段和 sc 表的全部字段。

首先，对上述各表的数据进行分析。sc 表中，只有学号为"210101001"的学生的选修记录，表示这名学生选修了课程。学号为"210101002"的学生在选修表中没有对应的记录，表示该学生没有选课。查询学生选修课程的情况，查询结果如表 4-7 所示。

表 4-7 连接查询结果一

stuId	stuName	sex	stuId	corId	score
210101001	李勇	男	210101001	001	85
210101001	李勇	男	210101001	002	92

实际上，上述查询结果是将 students 表和 sc 表连接在一起形成的。查询处理过程是：将 students 表中的记录和 sc 表中的记录进行连接，两表学号相同的记录连接在一起并存入结果表，学号不同的记录在结果中去掉。连接过程示意图如图 4-36 所示。在连接查询中，这种查询称为**内连接查询**。

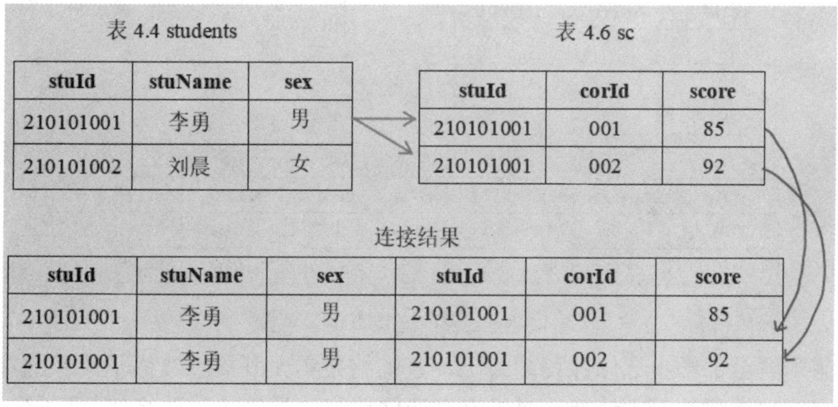

图 4-36 两表内连接查询示意图

内连接查询是将各表中用于连接字段取值相等的行进行连接并存入结果表，相同字段取值不等的行在结果中去掉。

关系数据库执行内连接的处理过程为：首先找到 students 表的第一条记录，然后从头开始扫描 sc 表，逐一查找满足连接条件的记录，找到后将 students 表的第一条记录与该记录拼接起来形成结果表中的一条记录。sc 表全部扫描完后，再找到 students 表的第二条记录，然后从头开始扫描 sc 表，逐一查找满足连接条件的记录，找到后将 students 表的第二条记录与该记录拼接起来形成结果表中的一条记录。重复上述操作，直到 students 表的全部记录都处理完毕。

如果要查询学生选修课程的情况，查询结果要求显示 students 表、courses 表和 sc 表三表的全部字段，如表 4-8 所示，又该如何处理呢？

表 4-8　连接查询结果二

stuId	stuName	sex	corId	corName	credit	stuId	corId	score
210101001	李勇	男	001	数据库	4	210101001	001	85
210101001	李勇	男	002	数学	4	210101001	002	92

查询的处理过程为：首先将 students 表和 sc 表进行内连接，再将内连接的结果与 courses 表进行内连接，从而得到最终的结果。处理过程如图 4-37 所示。

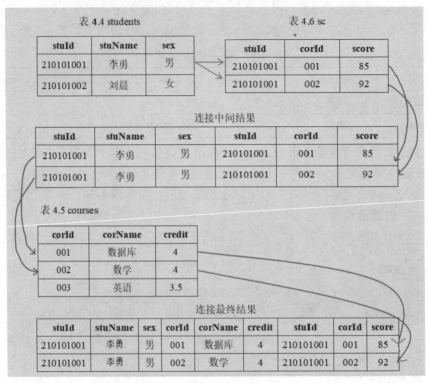

图 4-37　三表内连接查询示意图

如果想了解全部学生选修课程的情况，查询结果实现既显示选修了课程的学生情况，又显示没有选修课程的学生情况。对于没有选修课程的学生，其选修部分为空，查询结果如表 4-9 所示。

表 4-9　连接查询结果三

stuId	stuName	sex	stuId	corId	score
210101001	李勇	男	210101001	001	85
210101001	李勇	男	210101001	002	92
210101002	刘晨	女			

对于这种情况，内连接查询显然不能满足要求，需要使用**外连接查询**来解决。外连接查询分为左向外连接查询(简称左连接查询)、右向外连接查询(简称右连接查询)和完整外连接查询三种。

本书介绍左连接查询和右连接查询两种情况。左连接查询和右连接查询的实现原理相同。

左连接查询是将两表相同字段取值相等的记录进行连接并存入结果表的同时，还将连接时左表未能连接的所有记录也存入结果表，这部分记录在结果表中右表字段的部分取空值。

右连接查询则与左连接查询相反，将两表相同字段取值相等的记录连接并存入结果表的同时，还将连接时右表未能连接的所有记录也存入结果表，这部分记录在结果表中左表字段的部分取空值。

如果想了解全部学生选修课程的情况，将 students 表和 sc 表进行左连接查询，即 students 表在左边，就会形成如表 4-9 所示的结果。处理过程如图 4-38 所示。

表 4.4 students

stuId	stuName	sex
210101001	李勇	男
210101002	刘晨	女

表 4.6 sc

stuId	corId	score
210101001	001	85
210101001	002	92

连接结果

stuId	stuName	sex	stuId	corId	score
210101001	李勇	男	210101001	001	85
210101001	李勇	男	210101001	002	92
210101002	刘晨	女			

图 4-38　左连接查询示意图

如果进行右连接查询，连接时将学生表和选修表调换顺序，处理过程如图 4-39 所示。

表 4.6 sc

stuId	corId	score
210101001	001	85
210101001	002	92

表 4.4 students

stuId	stuName	sex
210101001	李勇	男
210101002	刘晨	女

连接结果

stuId	stuName	sex	stuId	corId	score
210101001	李勇	男	210101001	001	85
210101001	李勇	男	210101001	002	92
210101002	刘晨	女			

图 4-39　右连接查询示意图

可以看出：students 表左连接 sc 表，等价于 sc 表右连接 students 表。

总之，对于结果表，内连接是两个表相同字段取值相等的记录要保留；左连接是左边表的记录全要保留；右连接是右边表的记录全要保留。

【练习 4-29】 查询各门课程的选修情况，查询结果包括 courses 表的全部字段和 sc 表的全部字段。将 4-5 courses 表和 4-6 sc 表进行内连接查询，请写出内连接查询的结果。

【练习 4-30】 查询各门课程的选修情况，查询结果中包括 courses 表的全部字段和

sc 表的全部字段，要求在结果中显示没有学生选修的课程的信息。将 4-5 courses 表和 4-6 sc 表进行左连接查询，请写出左连接查询的结果。

【练习 4-31】 查询各门课程的选修情况，查询结果中包括 courses 表的全部字段和 sc 表的全部字段，要求在结果中显示没有学生选修的课程的信息。将 4-5 courses 表和 4-6 sc 表进行右连接查询，请写出右连接查询的结果。

4.3.2 实现内连接查询

内连接查询语句的基本格式为：

```
SELECT <目标列表达式>[，<目标列表达式>，]…
FROM  表 1 INNER JOIN  表 2 ON  表 1.列名 1=表 2.列名 2
[WHERE <条件表达式>]
[GROUP BY<列名 1> [HAVING <条件表达式>]]
[ORDER BY<列名 2 >[ASC|DESC] ]
```

其中，FROM 子句中的表达式“表 1.列名 1=表 2.列名 2”称为连接条件；列名 1 和列名 2 是表 1 和表 2 中用于连接的字段；根据查询结果的需要，选取表 1 和表 2 中的相关字段，写在 SELECT 子句中；WHERE 子句用于对内连接查询的结果进行条件筛选，仅保留连接结果中满足条件表达式的记录；GROUP BY 子句用于分组统计；HAVING 子句用于对分组结果进行条件筛选；ORDER BY 子句用于对查询结果进行排序。

【例 4-29】 查询选修了课程的学生的情况，要求结果显示 students 表和 sc 表的全部字段。

具体查询语句为：

```
SELECT students.*, sc.*
FROM students INNER JOIN sc ON students.stuId=sc.stuId;
```

运行结果如图 4-40 所示。

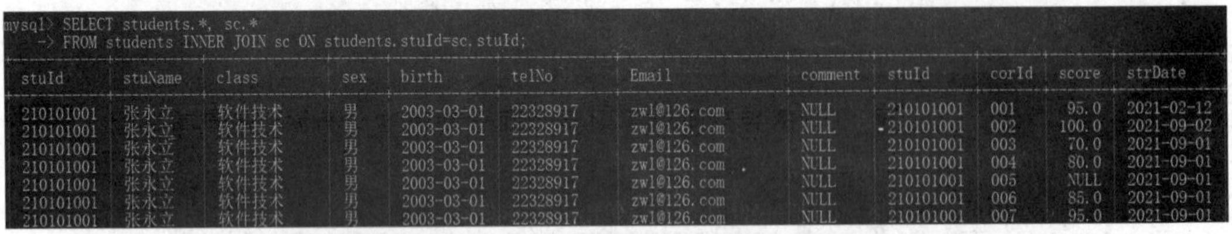

```
mysql> SELECT students.*, sc.*
    -> FROM students INNER JOIN sc ON students.stuId=sc.stuId;
```

stuId	stuName	class	sex	birth	telNo	Email	comment	stuId	corId	score	strDate
210101001	张永立	软件技术	男	2003-03-01	22328917	zwl@126.com	NULL	210101001	001	95.0	2021-02-12
210101001	张永立	软件技术	男	2003-03-01	22328917	zwl@126.com	NULL	210101001	002	100.0	2021-09-02
210101001	张永立	软件技术	男	2003-03-01	22328917	zwl@126.com	NULL	210101001	003	70.0	2021-09-01
210101001	张永立	软件技术	男	2003-03-01	22328917	zwl@126.com	NULL	210101001	004	80.0	2021-09-01
210101001	张永立	软件技术	男	2003-03-01	22328917	zwl@126.com	NULL	210101001	005	NULL	2021-09-01
210101001	张永立	软件技术	男	2003-03-01	22328917	zwl@126.com	NULL	210101001	006	85.0	2021-09-01
210101001	张永立	软件技术	男	2003-03-01	22328917	zwl@126.com	NULL	210101001	007	95.0	2021-09-01

图 4-40　例 4-29 运行结果

本例中，查询结果要求显示 students 表和 sc 表的全部字段，在 SELECT 子句中，符号“*”前面分别加上了表名的限定，表示分别显示两表的全部字段。将 students 表和 sc 表进行内连接，连接字段为两表的 stuId 字段，在连接条件部分，用“students.stuId=sc.stuId”进行表示。

【例 4-30】 查询选修了 001 号课程且成绩及格的学生的学号和姓名。

具体查询语句为：

```
SELECT students.stuId, stuName
FROM students INNER JOIN sc ON students.stuId=sc.stuId
```

WHERE corId='001' and score>=60;

运行结果如图 4-41 所示。

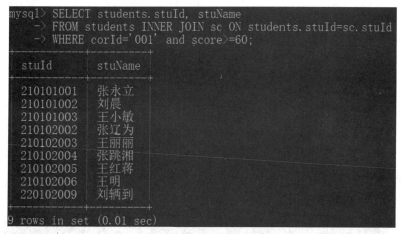

图 4-41　例 4-30 运行结果

本例中，因 students 表和 sc 表都包含 stuId 列，在 SELECT 子句中，stuId 列前面加上了表名的限定，表示从 students 表中取出 stuId 列的数据。如果 stuId 列前面没有加上表名的限定，则执行查询时系统将报错。查询条件要求找出选修 001 号课程且成绩及格的学生，因此加上 WHERE 子句进行条件筛选。

【例 4-31】 查询选修了"数据库"课程的学生的学号、姓名和成绩。

具体查询语句为：

SELECT students.stuId, stuName, score

FROM students INNER JOIN sc ON students.stuId=sc.stuId

INNER JOIN courses ON courses.corId=sc.corId

WHERE corName='数据库';

运行结果如图 4-42 所示。

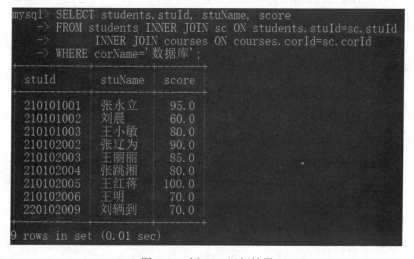

图 4-42　例 4-31 运行结果

本例中，查询条件为选修了"数据库"课程，涉及 courses 表的 corName 列。查询结果包括 stuId、stuName 和 score，涉及 students 表和 sc 表。因查询涉及三张数据表，需要将它们进行内连接，在 FROM 子句中实现了三表内连接。

【例 4-32】 查询"软件技术"或"计算机应用"班选修了"数据库"课程的学生的学号、姓名和成绩。

具体查询语句为：

　　SELECT students.stuId, stuName, score

　　FROM students INNER JOIN sc ON students.stuId=sc.stuId

　　　　INNER JOIN courses ON courses.corId=sc.corId

　　WHERE corName='数据库' and (class ='软件技术' or class ='计算机应用');

运行结果如图 4-43 所示。

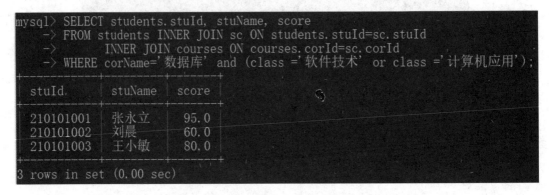

图 4-43　例 4-32 运行结果

本例中，因查询条件为"软件技术"或"计算机应用"班选修了"数据库"课程的学生，WHERE 子句中，使用多重条件来表示。该例也可以使用以下查询语句来实现：

　　SELECT students.stuId, stuName, score

　　FROM students INNER JOIN sc ON students.stuId=sc.stuId

　　　　INNER JOIN courses ON courses.corId=sc.corId

　　WHERE corName='数据库' and class in ('软件技术', '计算机应用');

此时，使用集合查询来查找"软件技术"或"计算机应用"班的学生。

【例 4-33】 查询每门课学生成绩的最高分、最低分和平均分，要求在结果中显示课程号和课程名。

具体查询语句为：

　　SELECT courses.corId, corName, max(score) as 最高分, min(score) as 最低分, avg(score) as 平均分

　　FROM courses INNER JOIN sc ON courses.corId=sc.corId

　　Group by courses.corId, corName;

运行结果如图 4-44 所示。

```
mysql> SELECT courses.corId, corName, max(score) as 最高分, min(score) as 最低分, avg(score) as 平均分
    -> FROM courses INNER JOIN sc ON courses.corId=sc.corId
    -> Group by courses.corId, corName;
```

corId	corName	最高分	最低分	平均分
010	3DS max	100.0	80.0	90.00000
011	3D图像及动画设计	89.0	70.0	76.33333
013	ANSYS及其应用	85.0	60.0	72.50000
014	ASP网页编程与设计	95.0	70.0	82.50000
015	AuthorWare多媒体制作	85.0	60.0	72.50000
017	Auto CAD2000	90.0	60.0	75.00000
016	C#程序设计	95.0	90.0	92.50000
018	C++面向对象的编程	90.0	70.0	80.00000
022	CAD/CAM技术的应用	90.0	80.0	85.00000

图 4-44　例 4-33 运行结果

本例中，因查询结果要求显示课程号和课程名，查询涉及 courses 表和 sc 表，需将两表进行内连接，再对内连接的结果集进行分组，调用聚合函数进行数据统计。

【例 4-34】 查询选修了课程"数据库"并且成绩优秀(85 分以上为优秀)的学生人数。

具体查询语句为：

```
SELECT corName, count(stuId) as 优秀学生人数
FROM courses INNER JOIN sc ON courses.corId=sc.corId
WHERE corName='数据库' and score>=85
Group by corName;
```

运行结果如图 4-45 所示。

```
mysql> SELECT corName, count(stuId) as 优秀学生人数
    -> FROM courses INNER JOIN sc ON courses.corId=sc.corId
    -> WHERE corName='数据库' and score>=85
    -> Group by corName;
```

corName	优秀学生人数
数据库	4

```
1 row in set (0.00 sec)
```

图 4-45　例 4-34 运行结果

本例中，因查询条件为选修了课程"数据库"并且成绩优秀(85 分以上为优秀)的学生，首先将 courses 表和 sc 表进行内连接，使用 WHERE 子句筛选出满足条件的数据；再对筛选出的数据进行分组统计，得出满足条件的学生人数。

【练习 4-32】 查询各门课程的选修情况，查询结果包括 courses 表和 sc 表的全部列。

【练习 4-33】 查询学号为"210101001"的学生的姓名、所选修课程的课程号、成绩和选修日期。

【练习 4-34】 查询课程成绩有不及格的学生的学号、姓名、课程号、课程名和成绩。

【练习 4-35】 查询姓名为"张永立"的学生选修的且成绩为优秀(>=80)的课程的信息，查询结果包括姓名、课程号和成绩。

【练习 4-36】 查询每名学生选修课程的平均成绩，查询结果包括学号、姓名和平均成绩。

【练习 4-37】 查询每个班级选修了"数据库"课程的学生人数，查询结果包括班级、

课程名、学生人数。

4.3.3　实现外连接查询

外连接查询包括左连接查询、右连接查询和完整外连接查询三种，这里介绍前两种查询的实现。

1. 实现左连接查询

左连接查询语句的基本格式为：

SELECT <目标列表达式>[, <目标列表达式>,]...

FROM　表 1 LEFT JOIN　表 2 ON　表 1.列名 1=表 2.列名 2

[WHERE <条件表达式>]

其中，FROM 子句中，LEFT JOIN 表示将两表进行左连接，表达式"表 1.列名 1=表 2.列名 2"为连接条件；列名 1 和列名 2 是表 1 和表 2 的用于连接的字段；根据查询结果的需要，选取表 1 和表 2 的相关字段，写在 SELECT 子句中；WHERE 子句用于对左连接的结果进行条件筛选，仅保留连接结果中满足条件表达式的记录。

2. 实现右连接查询

右连接查询语句的基本格式为：

SELECT <目标列表达式>[, <目标列表达式>,]...

FROM　表 1 RIGHT JOIN　表 2 ON　表 1.列名 1=表 2.列名 2

[WHERE <条件表达式>]

其中，FROM 子句中，RIGHT JOIN 表示将两表进行右连接，表达式"表 1.列名 1=表 2.列名 2"为连接条件。

【例 4-35】 查询没有选修任何课程的学生的学号、姓名和班级信息。

SELECT students.stuId,stuName,class

FROM students LEFT JOIN sc ON students.stuId=sc.stuId

WHERE corId is null;

运行结果如图 4-46 所示。

```
mysql> SELECT students.stuId,stuName,class
    -> FROM students LEFT JOIN sc ON students.stuId=sc.stuId
    -> WHERE corId is null;
+-----------+----------+--------------+
| stuId     | stuName  | class        |
+-----------+----------+--------------+
| 210102018 | 杨过     | 计算机应用   |
| 210102019 | 杨静     | 计算机应用   |
| 210102020 | 朱小红   | 计算机应用   |
| 210102021 | 杨红纪   | 计算机应用   |
| 210102022 | 杨美丽   | 计算机应用   |
| 210102023 | 杨小碟   | 计算机应用   |
| 210102024 | 张立     | 计算机应用   |
```

图 4-46　例 4-35 运行结果

本例中，如果使用内连接，则没有选修课程的学生在连接结果中会被去掉，不能实现查询要求，因此要使用外连接来实现此查询。使用左连接查询，students 表位于连接的左边，则 students 表的全部记录将保存在结果表中。通过 WHERE 子句进行条件筛选，将连接结果中 sc 表部分 corId 列为空的记录筛选出来，即为没有选修课程的学生。本例如果使用右连接查询来实现，代码为：

```
SELECT students.stuId,stuName,class

FROM sc RIGHT JOIN students ON students.stuId=sc.stuId

WHERE corId is null;
```

此时，将 students 表放在连接的右边，实现了和上例的左连接同样的效果。

【练习 4-38】　查询没有任何学生选修的课程的课程号、课程名。

4.4　实现嵌套查询

在 SQL 中，有一类特殊格式的查询，即将一个 Select-From-Where 语句(称为一个查询块)嵌套在另一个查询的 Where 子句或 Having 短语的条件中，这类查询称为嵌套查询。例如：

```
SELECT stuName
FROM students
WHERE stuId IN (SELECT stuId
                FROM sc
                WHERE corId='001');
```

本例中我们可以清晰地看到，下层查询块"SELECT stuId FROM sc WHERE corId='001'"嵌套在上层查询块"SELECT stuName FROM students WHERE stuId IN"的 WHERE 子句中。我们将上层查询块称为父查询，下层查询块称为子查询。

嵌套查询的执行方法是由里向外执行，即每个子查询在上一级查询处理之前执行，子查询的结果用于建立父查询的查找条件。因此，本例的执行过程是，先在 sc 表中找出选修了 001 号课程的学生的学号，形成一个集合，再到 students 表中找出学号在此集合内的学生的姓名。

SQL 语言允许多层嵌套，即子查询块还可以嵌套其他子查询块。需要注意的是，子查询的 SELECT 语句中不能使用 ORDER BY 子句，ORDER BY 子句只能对最终查询结果排序。

嵌套查询采用多个简单查询块构成复杂的查询，查询代码结构清晰，易于学习和使用。其中，父、子查询的连接谓词包括 IN 谓词、比较运算符、ANY/ALL、EXISTS 等，本书将一一介绍它们的使用方法。

4.4.1　带 IN 谓词的子查询

在嵌套查询中，子查询的结果往往是一个集合，所以谓词 IN 是嵌套查询中最常使用的谓词。

【例 4-36】　查询选修了"数据结构"课程的学生的学号和成绩。

处理嵌套查询时，读者不要急于写代码，可首先借助数据库关系图，理清求解问题的逻辑。

让我们来分析 student 数据库的关系图(如图 4-47 所示)。"数据结构"是一门课程的课程名，课程名列在 courses 表中，查询结果要找学生的学号和成绩，这两个列在 sc 表中。由此可知，本例的最终查询结果从 sc 表中得出，而查询条件涉及 courses 表。courses 表和 sc 表存在关联，即 courses 表的 corId 列是主键，在 sc 表中 corId 列是外键。本查询的处理顺序为：

(1) 在 courses 表中查询"数据结构"的 corId；

(2) 根据此 corId 在 sc 表中找出选修该课程的学生的 stuId 和 score。

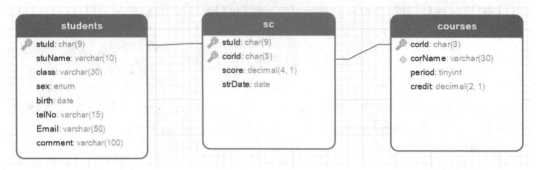

图 4-47　student 数据库关系图

根据以上分析，写出嵌套查询语句：

```
SELECT stuId, score
FROM sc
WHERE corId IN (SELECT corId
                FROM courses
                WHERE corName='数据结构');
```

运行结果如图 4-48 所示。

```
mysql> SELECT stuId, score
    -> FROM sc
    -> WHERE corId IN (SELECT corId
    ->                 FROM courses
    ->                 WHERE corName='数据结构');
+-----------+-------+
| stuId     | score |
+-----------+-------+
| 210101001 |  87.0 |
| 210101002 |  90.0 |
| 210101003 |  60.0 |
| 210102007 |  95.0 |
| 220102010 |  80.0 |
+-----------+-------+
5 rows in set (0.00 sec)
```

图 4-48　例 4-36 运行结果

【例 4-37】　查询与刘晨同一个班的学生的信息。

我们首先通过 student 数据库的关系图进行分析(如图 4-47 所示)。"刘晨"是一个学生的姓名，姓名列在 students 表中，查询结果要找学生的信息，也在 students 表中。由此可知，本例中，查询结果和查询条件均涉及 students 表。

本查询的处理顺序为：

(1) 首先在 students 表中找出“刘晨”所在的班级；

(2) 根据此班级在 students 表中找出该班的学生信息。

根据以上分析，写出嵌套查询语句：

```
SELECT *
FROM students
WHERE class IN (SELECT class
                FROM students
                WHERE stuName='刘晨');
```

运行结果如图 4-49 所示。

```
mysql> SELECT *
    -> FROM students
    -> WHERE class IN (SELECT class
    ->                 FROM students
    ->                 WHERE stuName='刘晨');
+-----------+--------+----------+-----+------------+----------+--------------------+---------+
| stuId     | stuName| class    | sex | birth      | telNo    | Email              | comment |
+-----------+--------+----------+-----+------------+----------+--------------------+---------+
| 210101001 | 张永立 | 软件技术 | 男  | 2003-03-01 | 22328917 | zwl@126.com        | NULL    |
| 210101002 | 刘晨   | 软件技术 | 女  | 2003-08-06 | 22285568 | liuchen@126.com    | 转校生  |
| 210101003 | 王小敏 | 软件技术 | 女  | 2003-05-30 | 22324912 | wangming@21cn.com  | NULL    |
| 210101004 | 赵诚岚 | 软件技术 | 女  | 2003-12-03 | 22324912 | wxm30@126.com      | NULL    |
| 210101005 | 张学成 | 软件技术 | 男  | 2004-01-25 | 25661120 | zxc@126.com        | NULL    |
| 210101006 | 李明丽 | 软件技术 | 女  | 2003-08-16 | 22324912 | lm23@126.com       | NULL    |
| 210101007 | 李静静 | 软件技术 | 女  | 2003-07-25 | 22324912 | lm24@126.com       | 转校生  |
```

图 4-49　例 4-37 运行结果

【注意】 从以上两例可知，嵌套查询的父、子查询可能涉及不同的表，也可能涉及同一个表，应根据具体问题具体分析。

【练习 4-39】 查询“操作系统”课程的选修情况，查询结果包括选修学生的学号、成绩和选修日期。

4.4.2　带比较运算符的子查询

带比较运算符的子查询指父、子查询之间的连接谓词是=，>，<，>=，<=，!=，<>等比较运算符。

在例 4-37 中，因一个学生只能属于一个班级，子查询的结果只有一个数值，此时可以用“=”代替谓词 IN，查询可更改为：

```
SELECT *
FROM students
WHERE class = (SELECT class
               FROM students
               WHERE stuName='刘晨');
```

【例 4-38】 查询 students 表中出生日期比刘晨晚的学生的信息。

我们首先通过 student 数据库的关系图进行分析(如图 4-47 所示)。“刘晨”是一个学生的姓名，stuName 列在 students 表中，查询结果要找学生的信息，也在 students 表中。由此可知，本例的查询结果和查询条件均涉及 students 表。

本查询的处理顺序为：

(1) 首先在 students 表中找出“刘晨”的出生日期；

(2) 根据此日期，在 students 表中找出出生日期大于此日期的学生信息。

根据以上分析，写出嵌套查询语句：

```
SELECT *
FROM students
WHERE birth > (SELECT birth
               FROM students
               WHERE stuName='刘晨');
```

运行结果如图 4-50 所示。

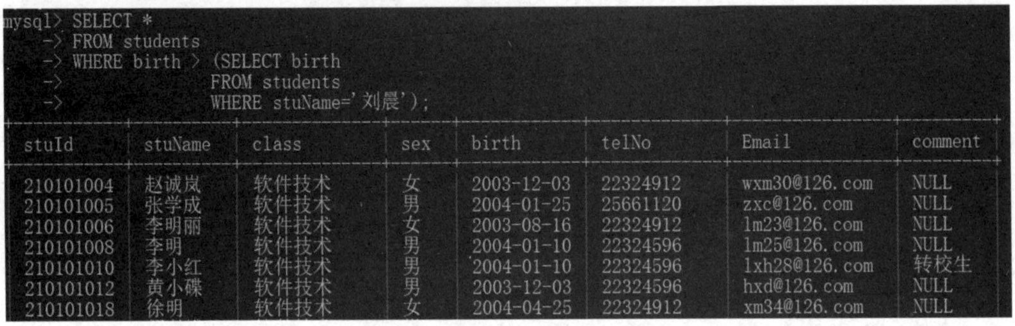

```
mysql> SELECT *
    -> FROM students
    -> WHERE birth > (SELECT birth
    ->               FROM students
    ->               WHERE stuName='刘晨');
+-----------+---------+----------+-----+------------+----------+----------------+---------+
| stuId     | stuName | class    | sex | birth      | telNo    | Email          | comment |
+-----------+---------+----------+-----+------------+----------+----------------+---------+
| 210101004 | 赵诚岚  | 软件技术 | 女  | 2003-12-03 | 22324912 | wxm30@126.com  | NULL    |
| 210101005 | 张学成  | 软件技术 | 男  | 2004-01-25 | 25661120 | zxc@126.com    | NULL    |
| 210101006 | 李明丽  | 软件技术 | 女  | 2003-08-16 | 22324912 | lm23@126.com   | NULL    |
| 210101008 | 李明    | 软件技术 | 男  | 2004-01-10 | 22324596 | lm25@126.com   | NULL    |
| 210101010 | 李小红  | 软件技术 | 男  | 2004-01-10 | 22324596 | lxh28@126.com  | 转校生  |
| 210101012 | 黄小磔  | 软件技术 | 男  | 2003-12-03 | 22324596 | hxd@126.com    | NULL    |
| 210101018 | 徐明    | 软件技术 | 女  | 2004-04-25 | 22324912 | xm34@126.com   | NULL    |
```

图 4-50　例 4-38 运行结果

【练习 4-40】 查询学分比“操作系统”课程学分高的其他课程信息。

4.4.3　带 ANY/ALL 谓词的子查询

带比较运算符的子查询常常和 ANY、ALL 谓词一起来使用。例如，要查找某个班里男生中比所有女生期末成绩都高的学生，这里就要用到比较运算符“>”和 ALL 谓词。在讲解其具体用法前，先了解一下带 ANY/ALL 谓词的子查询中常用的表达方式，如表 4-10 所示。

表 4-10　带 ANY/ALL 谓词的子查询中常用的表达方式

谓　词	说　明
>Any	大于子查询结果中的某个值
>All	大于子查询结果中的所有值
<Any	小于子查询结果中的某个值
<All	小于子查询结果中的所有值
>=Any	大于等于子查询结果中的某个值
>=All	大于等于子查询结果中的所有值
<=Any	小于等于子查询结果中的某个值
<=All	小于等于子查询结果中的所有值
=Any	等于子查询结果中的某个值
=All	等于子查询结果中的所有值(通常没有实际意义)
!=Any	不等于子查询结果中的某有值
!=All	不等于子查询结果中的任何一个值

【**注意**】 使用 Any 或 All 谓词时必须同时使用比较运算符。

【**例 4-39**】 查询 sc 表中比科目 001 的某些成绩高的记录。

具体查询语句为：

```
SELECT *
FROM sc
WHERE score>ANY(SELECT score
                FROM sc
                WHERE corId='001')
      AND corId<>'001';
```

运行结果如图 4-51 所示。

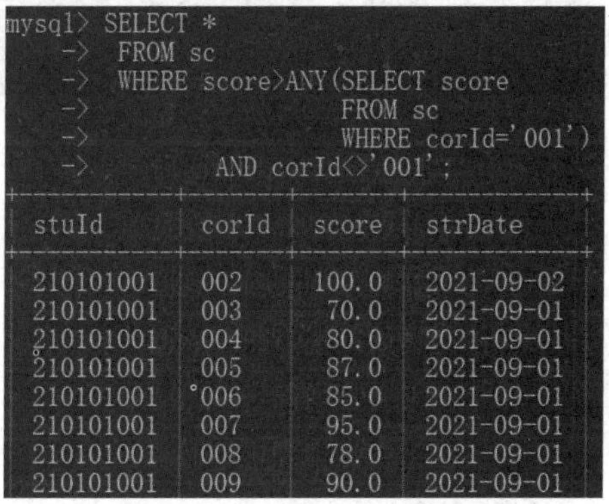

图 4-51 例 4-39 运行结果

本例中，最后一句"AND corId<>'001'"的作用是把科目 001 筛选出去，注意这是父查询块中的条件。系统执行此查询时，首先处理子查询，找出所有选修 001 号课程的学生的成绩，构成一个集合；然后处理父查询，查找所有不是 001 号课程且成绩大于该集合中某个值的记录。

本例也可以用聚合函数来实现。首先，用子查询找出 001 号课程的最低分，然后在父查询中查找所有非 001 号课程且成绩高于该分数的学生记录。查询代码如下：

```
SELECT   *
FROM sc
WHERE score>(SELECT   MIN(score)
             FROM sc
             WHERE corId='001')
       AND corId<>'001';
```

运行结果和例 4-39 的结果相同。

【**例 4-40**】 查询 sc 表中比科目 001 所有成绩都高的记录。

具体查询语句为：

```
SELECT *
FROM sc
WHERE score>ALL(SELECT score
                FROM sc
```

```
                WHERE corId='001')
        AND corId<>'001';
```

运行结果如图 4-52 所示。

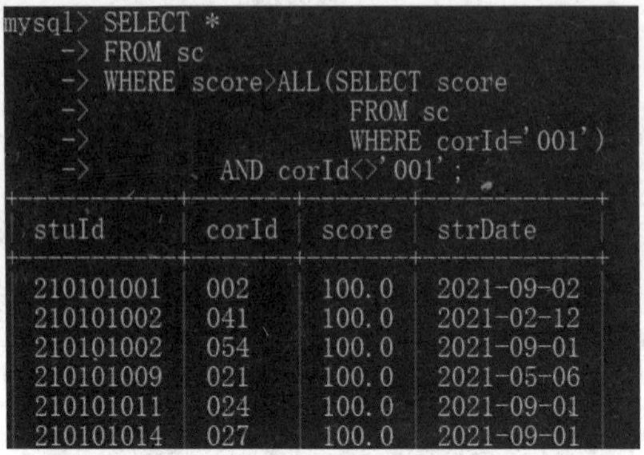

图 4-52　例 4-40 运行结果

本例同样可以用聚合函数实现。代码如下：

```
SELECT    *
 FROM sc
WHERE score>(SELECT MAX(score)
            FROM sc
            WHERE corId='001')
    AND corId<>'001';
```

运行结果和例 4-40 的结果相同。

表 4-11 总结了 ANY/ALL 谓词与聚合函数及 IN 谓词的等价转换关系。

表 4-11　ANY/ALL 谓词与聚合函数及 IN 谓词的等价转换关系

	=	<>!=	<	<=	>	>=
ANY	IN	--	<MAX	<=MAX	>MIN	>=MIN
ALL	--	NOT IN	<MIN	<=MIN	>MAX	>=MAX

对于例 4-39 和例 4-40，分别使用了谓词 ANY 和 ALL。ANY 指的是某一些，ALL 指的是所有、全部。在例 4-39 中，要查询 sc 表中比选修了科目 001 的某一些成绩高的记录，也就是说，在其他选修科目中，成绩只要有比选修了科目 001 中的某个成绩高就行了，不需要比选修了科目 001 的所有成绩都高。而在例 4-40 中，成绩要比选修了科目 001 的所有成绩都高的其他科目才能符合查询条件。

【提示】　事实上，使用聚合函数实现子查询通常比直接用 ANY 或 ALL 谓词查询效率要高。

【练习 4-41】　查询 students 表中年龄比计算机应用班所有同学年龄都大的学生信息。

【练习 4-42】　查询 students 表中年龄比计算机应用班某些同学年龄大的学生信息。

4.4.4　带 EXISTS 谓词的子查询

有些查询，当查询条件提到"全部"或"如果…就"等字眼时，我们用上面所学的查询难以实现或实现起来较麻烦，而使用带有 EXISTS 谓词的嵌套查询会更方便。EXISTS 代表"存在"的意思。带有 EXISTS 谓词的子查询不返回任何数据，它产生逻辑真值 "TRUE"或逻辑假值"FALSE"。

【例 4-41】 查询没有选修课程的学生记录。

具体查询语句为：

```
SELECT *
FROM students
WHERE NOT EXISTS(SELECT *
                FROM sc
                WHERE sc.stuId=students.stuId);
```

运行结果如图 4-53 所示。

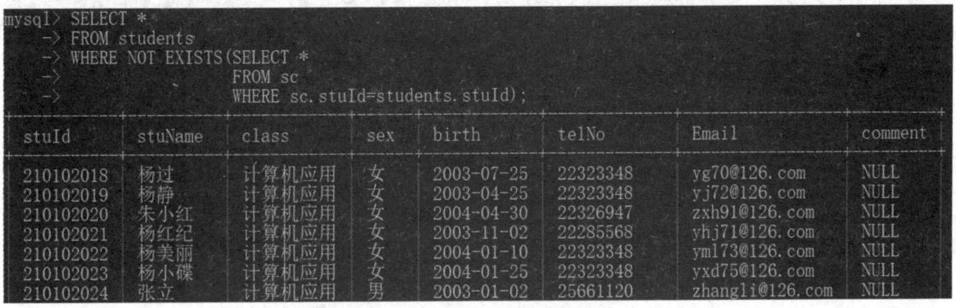

图 4-53 例 4-41 运行结果

本例中，查询代码的含义是，如果某学生学号没有在选修表中出现，则把这个学生的信息显示出来。操作过程是，系统先把 students 表中的第 1 个学号放到 sc 表中进行扫描，当在 sc 表中没扫描到该学号，就把该学号所对应的 students 表的信息显示出来，接着再把第 2 个学号放到 sc 表中扫描，如此类推，直到把 students 表中的所有学号扫描完为止。通过这种扫描方式，很容易就把没有选修课程的学生找出来了。

【练习 4-43】 查询没有人选修的课程信息。

4.5 实现集合查询

集合查询的应用并不算广泛，但有些情况下使用集合查询能很好地解决问题。所谓的集合，就是把多个 SELECT 语句的查询结果进行组合。集合操作主要包括并操作 UNION、交操作 INTERSECT 和差操作 MINUS。

【例 4-42】 查询计算机应用班的学生及出生日期在 2003-9-1 之前的学生。

具体查询语句为：

```
SELECT *
FROM students
WHERE class='计算机应用'
UNION
SELECT *
```

　　FROM students

　　WHERE birth<'2003-9-1';

运行结果如图 4-54 所示。

```
mysql> SELECT *
    -> FROM students
    -> WHERE class='计算机应用'
    -> UNION
    -> SELECT *
    -> FROM students
    -> WHERE birth<'2003-9-1';
+-----------+----------+-----------+------+------------+----------+-----------------+---------+
| stuId     | stuName  | class     | sex  | birth      | telNo    | Email           | comment |
+-----------+----------+-----------+------+------------+----------+-----------------+---------+
| 210102001 | 王小五   | 计算机应用| 女   | 2003-05-14 | 22325216 | wxw66@126.com   | NULL    |
| 210102002 | 张辽为   | 计算机应用| 男   | 2003-05-30 | 22321265 | zlw82@126.com   | NULL    |
| 210102003 | 王丽丽   | 计算机应用| 女   | 2003-12-03 | 22326947 | wll63@126.com   | NULL    |
| 210102004 | 张跳湘   | 计算机应用| 男   | 2003-05-14'| 25661120 | ztx86@126.com   | NULL    |
| 210102005 | 王红蒋   | 计算机应用| 女   | 2003-01-25 | 22326947 | whz61@126.com   | NULL    |
| 210102007 | 王丽     | 计算机应用| 女   | 2003-07-25 | 22326947 | wl62@126.com    | NULL    |
| 210102008 | 朱政明   | 计算机应用| 男   | 2003-04-25 | 22326947 | zzm93@126.com   | NULL    |
| 210102009 | 张连辑   | 计算机应用| 男   | 2004-01-25 | 22321265 | zlj81@126.com   | NULL    |
+-----------+----------+-----------+------+------------+----------+-----------------+---------+
```

图 4-54　例 4-42 运行结果

　　本例实际上是求计算机应用班的所有学生与出生日期在 2003-9-1 之前的学生的并集。使用 UNION 将多个查询结果合并起来时，系统会自动去掉重复记录。

　　【注意】 参加 UNION 操作的各结果表，列数必须相同，对应列的数据类型也必须相同，否则合并时会报错。

　　【例 4-43】 查询软件技术班或者选修了 002 课程的学生。

　　本查询就是将软件技术班的学生集合与选修了 002 课程的学生集合合并起来。

　　具体查询语句为：

　　SELECT stuId

　　FROM students

　　WHERE class='软件技术'

　　UNION

　　SELECT stuId

　　FROM sc

　　WHERE corId='002';

运行结果如图 4-55 所示。

图 4-55　例 4-43 运行结果

本例中，两段查询都是查询学号而不能是其他字段，这是因为参加 UNION 操作的各结果表的列必须相同，而学生表和选修表唯一相同的字段就是学号，所以查询的字段都为学号。

标准 SQL 中，没有直接提供集合交操作和集合差操作，但可以用其他方法来实现。

【例 4-44】 查询计算机应用班的学生与出生日期在 2003-9-1 之后的学生的交集。

这实际上就是查询计算机应用班中出生日期在 2003-9-1 之后的学生。

具体查询语句为：

```
SELECT *
FROM students
WHERE class='计算机应用' AND birth>'2003-9-1';
```

运行结果如图 4-56 所示。

图 4-56　例 4-44 运行结果

【例 4-45】 查询计算机应用班的学生与性别为男的学生的差集。

本查询换种说法，就是查询计算机应用班中性别为女的学生。

具体查询语句为：

```
SELECT *
FROM students
WHERE class='计算机应用' AND sex='女';
```

运行结果如图 4-57 所示。

图 4-57　例 4-45 运行结果

【提示】 使用聚合函数和嵌套查询都可以实现集合交操作和集合差操作。

【练习 4-44】 查询学时大于 54 的课程和学分小于 3 分的课程的集合。

【练习 4-45】 查询学时大于 54 的课程和被学生选修过的课程的集合。

4.6　查询综合应用

我们在处理一些较为复杂的查询时，可能无法通过一条查询语句解决所有问题。此时，往往需要将复杂的查询分解成几个较为简单的查询，通过这些查询依次、连续地执行，得出结果。这就好比上楼，我们要到达一栋房子的五楼，不可能从一楼直接跳上去，而必须经过二楼、三楼、四楼一层层走上去。前序查询的执行结果，要作为后续的查询的数据来源。那么，如何将前序查询的结果暂时保存下来呢？使用临时表是一种解决问题的办法。

在 MySQL 中，临时表是一类特殊的表，它在当前用户下创建，当前会话内有效(一次会话可理解为用户从请求连接数据库，执行操作到退出的过程)。当前会话结束后，临时表自动被数据库系统删除。临时表在我们需要保存一些临时数据时是非常有用的。

我们将前序查询的结果称为中间结果，这些中间结果只作为后续查询的数据来源，并不需要永久地保留，所以，可以将中间结果保存在临时表中，为后续查询所用。

在 MySQL 中创建临时表的语法格式如下：

CREATE TEMPORARY TABLE　临时表名

(

　　　列名1　数据类型 [列级约束条件][默认值],

　　　列名2　数据类型 [列级约束条件][默认值],

　　　......[表级约束条件]

);

可以看到，临时表和永久表的创建语法类似，只需要加上"TEMPORARY"关键字，说明创建的是临时表即可。

【例 4-46】 查询各班各门课程的考试人数和及格人数，要求将查询结果显示在同一个表中，包括：班级、课程号、考试人数和及格人数。

分析：创建临时表"考试人数"和"及格人数"，用于保存各班各门课程的考试人数和及格人数，再通过左连接将查询结果汇总。步骤如下：

(1) 创建临时表 test：

```
CREATE TEMPORARY TABLE test(
class VARCHAR(30),
corId CHAR(3),
testNo INT);
```

(2) 查询各班各门课程的考试人数，并保存在临时表 test 中：

```
INSERT INTO test
SELECT class, corId, COUNT(sc.stuId)
FROM students INNER JOIN sc ON students.stuId=sc.stuId
GROUP BY class, corId;
```

(3) 创建临时表 pass：

```
CREATE TEMPORARY TABLE pass(
class VARCHAR(30),
corId CHAR(3),
passNo INT);
```

(4) 查询各班各门课程的及格人数，并保存在临时表 pass 中：

```
INSERT INTO pass
SELECT class, corId, COUNT(sc.stuId)
FROM students INNER JOIN sc ON students.stuId=sc.stuId
WHERE score>=60
GROUP BY class, corId;
```

(5) 将两个临时表进行左连接，得出最后的查询结果：

```
SELECT test.class as 班级, test.corId as 课程号,
testNo as 考试人数, passNo as 及格人数
FROM test LEFT JOIN pass ON test.class = pass.class
AND test.corId = pass.corId;
```

查询结果如图所示 4-58 所示。

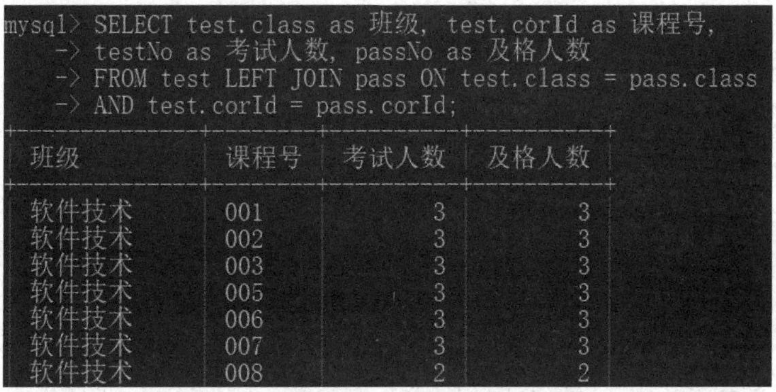

```
mysql> SELECT test.class as 班级, test.corId as 课程号,
    -> testNo as 考试人数, passNo as 及格人数
    -> FROM test LEFT JOIN pass ON test.class = pass.class
    -> AND test.corId = pass.corId;
+--------------+--------+----------+----------+
| 班级         | 课程号 | 考试人数 | 及格人数 |
+--------------+--------+----------+----------+
| 软件技术     | 001    |        3 |        3 |
| 软件技术     | 002    |        3 |        3 |
| 软件技术     | 003    |        3 |        3 |
| 软件技术     | 005    |        3 |        3 |
| 软件技术     | 006    |        3 |        3 |
| 软件技术     | 007    |        3 |        3 |
| 软件技术     | 008    |        2 |        2 |
```

图 4-58　例 4-46 运行结果

【练习 4-46】 尝试运行本节的案例，查询各班各门课程的考试人数和及格人数。

第 5 章　更 新 数 据

本章重点

(1) 掌握插入数据的实现方法；

(2) 掌握修改数据的实现方法；

(3) 掌握删除数据的实现方法。

本章难点

掌握带子查询的数据插入、修改和删除。

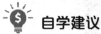

自学建议

按顺序阅读并完成练习。

教学建议

建议根据本章的结构，采用案例教学，按照语法→实例→练习的顺序进行讲解。对于每个练习，可让学生先在书上写出 SQL 语句，然后上机验证。每个学生备上红笔，在老师讲完答案后用红笔修正。如果不是在机房讲授，亦可让学生先写 SQL 语句，上机时再实际操练验证。

数据更新包括插入数据、修改数据、删除数据三种操作。其中，插入数据指向数据表中添加新的数据；修改数据指对数据表中现有的数据进行更改；删除数据指将数据表中现有的数据删除。本章将介绍使用 SQL 实现这三种操作的方法。

5.1　插 入 数 据

插入数据可通过两种方式来实现，一种是通过图形化方式直接向表中填入数据，2.2.6 节已对此进行过介绍；另一种是通过 SQL 语句实现，本节将进行介绍。

向表中插入数据使用 INSERT 语句，其一般格式为：

INSERT INTO 表名[(列 1[，列 2，…])]

VALUES('常量 1' [,'常量 2'…])

INSERT 语句的作用是，将一条新记录插入指定表中。其中新记录的列 1 对应的值为常量 1，列 2 对应的值为常量 2，…。INTO 子句没有出现的列名，新记录在这些列上将取空值或默认值。如果 INTO 子句没有指明任何列名，则新插入的记录必须在每个列上都要有值，同时对应列的顺序和表设计的列顺序一致。同时，要保证每个插入值的类型和对应列的数据类型匹配，否则数据无法插入，系统会报错。

【例 5-1】　向 courses 表中添加一条新的课程记录(corId：061，corName：数据库原理与应用，period：36，credit：2)。

具体查询语句为：

INSERT INTO courses

VALUES ('061','数据库原理与应用',36,2);

运行结果如图 5-1 所示。

```
mysql> INSERT INTO courses
    -> VALUES ('061','数据库原理与应用',36,2);
Query OK, 1 row affected (0.01 sec)
```

图 5-1　例 5-1 运行结果

本例中，因 corId 和 corName 列的数据类型为字符串，在给出列的值时要用单引号括起来。

可以通过以下查询语句对添加的数据进行验证：

SELECT *

FROM courses

WHERE corId= '061' ;

运行结果如图 5-2 所示。

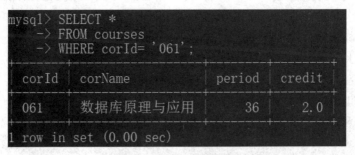

```
mysql> SELECT *
    -> FROM courses
    -> WHERE corId= '061';
+-------+-----------------------+--------+--------+
| corId | corName               | period | credit |
+-------+-----------------------+--------+--------+
| 061   | 数据库原理与应用       | 36     | 2.0    |
+-------+-----------------------+--------+--------+
1 row in set (0.00 sec)
```

图 5-2　例 5-1 查询结果

【例 5-2】　向 students 表中插入一条新的学生记录(stuId：220102035，stuName：陈佳佳，class：电子商务，bitrh：2003-5-24)，没有指定值的列取空值或默认值。

具体查询语句为：

INSERT INTO students(stuId,stuName,class,birth)

VALUES('220102035','陈佳佳','电子商务','2003-5-24');

运行结果如图 5-3 所示。

```
mysql> INSERT INTO students(stuId,stuName,class,birth)
    -> VALUES('220102035','陈佳佳','电子商务','2003-5-24');
Query OK, 1 row affected (0.01 sec)
```

图 5-3　例 5-2 运行结果

本例中，INTO 语句指明了新记录仅向 stuId、stuName、class、birth 列中添加数据，则其他列上将取空值或默认值。因 birth 列为日期型数据，其值也要用单引号括起来。

可以通过以下查询语句对添加的数据进行验证：

SELECT *

FROM students

WHERE stuId= '220102035' ;

运行结果如图 5-4 所示。

```
mysql> SELECT *
    -> FROM students
    -> WHERE stuId= '220102035';
+-----------+---------+-----------+-----+------------+-------+-------+---------+
| stuId     | stuName | class     | sex | birth      | telNo | Email | comment |
+-----------+---------+-----------+-----+------------+-------+-------+---------+
| 220102035 | 陈佳佳  | 电子商务  | 男  | 2003-05-24 | NULL  | NULL  | NULL    |
+-----------+---------+-----------+-----+------------+-------+-------+---------+
1 row in set (0.00 sec)
```

图 5-4　例 5-2 查询结果

如果需要一次向数据表中插入多条记录，可使用以下 INSERT 语句：

INSERT INTO 表名[(列 1[，列 2，…])]

VALUES('常量 1' [,'常量 2'…]),('常量 1' [,'常量 2'…]),...,('常量 1' [,'常量 2'…]);

其中，('常量 1' [,'常量 2'…]),('常量 1' [,'常量 2'…]),...,('常量 1' [,'常量 2'…])表示将多条记录的对应列值插入到表的列中。

【例 5-3】　向 courses 表中一次添加三条新的课程记录(corId：062，corName：编译原理，period：54，credit：3)、(corId：063，corName：离散数学，period：36，credit：2)、(corId：064，corName：数据分析，period：54，credit：3)

INSERT INTO courses

VALUES ('062','编译原理',54,3),('063','离散数学',36,2),('064','数据分析',54,3);

运行结果如图 5-5 所示。

```
mysql> INSERT INTO courses
    -> VALUES ('062','编译原理',54,3),('063','离散数学',36,2),('064','数据分析',54,3);
Query OK, 3 rows affected (0.01 sec)
Records: 3  Duplicates: 0  Warnings: 0
```

图 5-5　例 5-3 运行结果

可以通过以下查询语句对添加的数据进行验证：

SELECT *

FROM courses

WHERE corId in ('062','063','064');

运行结果如图 5-6 所示。

图 5-6 例 5-3 查询结果

INSERT 语句除以上应用外,还可以将子查询嵌入进来,用于实现一次向表中插入多条记录。插入子查询结果的 INSERT 语句格式为:

INSERT INTO 表名[(列 1[,列 2,…])]

子查询

【例 5-4】 对于每门课程,求选修该课程的学生的平均成绩,并将结果存入数据库中。

首先,在数据库中创建一张新表,用于存放每门课程的平均分。

具体查询语句为:

CREATE TABLE score_avg

(corId CHAR(3),

avgScore INT);

然后,在 sc 表中查询每门课程学生的平均成绩,并将查询结果保存到 score_avg 表中。

具体语句为:

INSERT INTO score_avg

SELECT corId,AVG(score)

FROM sc

GROUP BY corId;

成功执行后,查询 score_avg 表,即可看到每门课程的平均成绩已经保存在此表中,如图 5-7 所示。

图 5-7 例 5-4 运行结果

【练习 5-1】 向 students 表中添加一条新的学生记录(stuId: 220102035, stuName: 张

小燕，class：电子商务，sex：女，birth：2003-12-25，telNo：22319874，Email:zhangxiaoyan @163.com，comment：NULL）。

【练习 5-2】 向 sc 表中一次添加三条新的选修记录(stuId：220102035，corId：001，score：85，strDate：2022-9-2)、(stuId：220102035，corId：002，score：70，strDate：2022-9-2)、(stuId：220102035，corId：003，score：93，strDate：2022-9-1)。

【练习 5-3】 对于每个学生，求学生选修课程的平均成绩，并将结果存入数据库中。

5.2 修 改 数 据

修改数据使用 UPDATE 语句，其一般格式为：

UPDATE 表名

SET 列名=表达式[,列名=表达式]...

[WHERE 条件表达式]

UPDATE 语句的功能是，修改表中满足 WHERE 条件表达式的记录，用 SET 子句给出的表达式的值替换原来的列值。如果 WHERE 子句省略，则表示修改表中的所有记录。

【例 5-5】 将 students 表中学号为"210101001"的学生电话修改为"22353548"。

修改语句运行前，我们首先查询一下学号为"210101001"的学生的电话：

SELECT telNo

FROM students

WHERE stuId='210101001';

查询结果如图 5-8 所示。

```
mysql> SELECT telNo
    -> FROM students
    -> WHERE stuId='210101001';
+----------+
| telNo    |
+----------+
| 22328917 |
+----------+
1 row in set (0.00 sec)
```

图 5-8　修改前的电话

然后运行以下修改语句来修改学生的电话：

UPDATE students

SET telNo='22353548'

WHERE stuId='210101001';

运行结果如图 5-9 所示。

```
mysql> UPDATE students
    -> SET telNo='22353548'
    -> WHERE stuId='210101001';
Query OK, 1 row affected (0.01 sec)
Rows matched: 1  Changed: 1  Warnings: 0
```

图 5-9　例 5-5 运行结果

修改语句运行后，我们再次查询学号为"210101001"的学生的电话：

```
SELECT telNo
FROM students
WHERE stuId='210101001';
```

查询结果如图 5-10 所示。由此可知，修改语句成功运行后，学生的电话已经按要求进行了修改。

```
mysql> SELECT telNo
    -> FROM students
    -> WHERE stuId='210101001';
+--------+
| telNo  |
+--------+
| 22353548 |
+--------+
1 row in set (0.01 sec)
```

图 5-10　修改后的电话

【例 5-6】　将 sc 表中全体学生的成绩设置为 0。

修改语句运行前，我们首先查询一下 sc 表中学生的成绩：

```
SELECT stuId, score
FROM sc;
```

查询结果如图 5-11 所示。

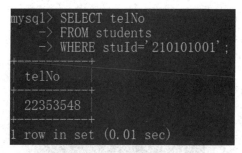

```
mysql> SELECT stuId, score
    -> FROM sc;
+-----------+--------+
| stuId     | score  |
+-----------+--------+
| 210101001 | 95.0   |
| 210101001 | 100.0  |
| 210101001 | 70.0   |
| 210101001 | 80.0   |
| 210101001 | 87.0   |
| 210101001 | 85.0   |
| 210101001 | 95.0   |
```

图 5-11　修改前的学生成绩

然后运行以下修改语句来修改学生的成绩：

```
UPDATE sc
SET score=0;
```

运行结果如图 5-12 所示。

```
mysql> UPDATE sc
    -> SET score=0;
Query OK, 168 rows affected (0.02 sec)
Rows matched: 168  Changed: 168  Warnings: 0
```

图 5-12　例 5-6 运行结果

　　因为 UPDATE 语句中没有指定 WHERE 子句，此时会将 sc 表中所有学生的成绩都修改为 0。

　　修改语句运行后，我们再次查询选修表中学生的成绩：

　　　　SELECT stuId, score

　　　　FROM sc;

　　查询结果如图 5-13 所示。由此可知，修改语句成功执行后，sc 表中所有学生的成绩已置为 0。

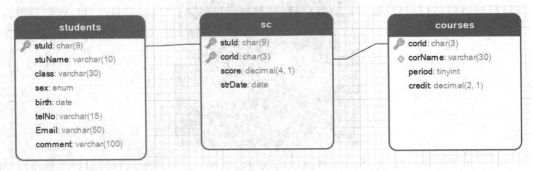

图 5-13　修改后的学生成绩

　　UPDATE 语句除以上应用外，还可以将子查询嵌入，用于构造修改的条件。根据子查询的结果，修改表中满足条件的记录。

　　【例 5-7】 将"操作系统"课程的所有学生成绩增加 5 分。

　　我们首先通过 student 数据库的关系图进行分析(如图 5-14 所示)。"操作系统"是一门课程的课程名，corName 列在 courses 表中，要求修改学生的成绩，score 列在 sc 表中。

students	sc	courses
stuId: char(9)	stuId: char(9)	corId: char(3)
stuName: varchar(10)	corId: char(3)	corName: varchar(30)
class: varchar(30)	score: decimal(4, 1)	period: tinyint
sex: enum	strDate: date	credit: decimal(2, 1)
birth: date		
telNo: varchar(15)		
Email: varchar(50)		
comment: varchar(100)		

图 5-14　student 数据库的关系图

　　由此可知，本例中的修改数据操作涉及 courses 表和 sc 表。本查询的处理顺序为：

　　(1) 首先在 courses 表中找出"操作系统"的 corId；

　　(2) 根据此 corId，在 sc 表中修改选修了该课程的学生的成绩。

　　根据分析，写出修改语句：

　　　　UPDATE sc

　　　　SET score=score+5

　　　　WHERE corId = (SELECT corId

　　　　　　　　　　　　FROM courses

　　　　　　　　　　　　WHERE corName= '操作系统');

子查询运行后，查询到操作系统的课程号为 004 号，修改命令成功执行后，所有 004 号课程的成绩都加上 5 分。运行结果如图 5-15 所示。

```
mysql> UPDATE sc
    -> SET score=score+5
    -> WHERE corId = (SELECT corId
    ->                 FROM courses
    ->                 WHERE corName= '操作系统');
Query OK, 4 rows affected (0.01 sec)
Rows matched: 4  Changed: 4  Warnings: 0
```

图 5-15　例 5-7 运行结果

【练习 5-4】　将 courses 表中"操作系统"的学时修改为 36 学时。

【练习 5-5】　在 sc 表中将计算机应用班全部学生的成绩都置为 0。

5.3　删　除　数　据

删除数据使用 DELETE 语句，其一般格式为：

DELETE

FROM　表名

[WHERE　条件表达式]

DELETE 语句的功能是删除表中满足 WHERE 条件表达式的记录。如果 WHERE 子句省略，则删除表中的所有记录。DELETE 语句删除了表中的数据，但表依然存在。

【例 5-8】　删除 students 表中学号为"220102035"的学生记录。

具体查询语句为：

DELETE

FROM students

WHERE stuId='220102035';

运行结果如图 5-16 所示。

```
mysql> DELETE
    -> FROM students
    -> WHERE stuId='220102035';
Query OK, 1 row affected (0.02 sec)
```

图 5-16　例 5-8 运行结果

可通过以下查询语句验证学号为"220102035"的学生记录是否已经删除：

SELECT *

FROM students

WHERE stuId='220102035';

查询结果如图 5-17 所示。由此可知，该学生已被成功删除。

```
mysql> SELECT *
    -> FROM students
    -> WHERE stuId='220102035';
Empty set (0.00 sec)
```

图 5-17　验证例 5-8 运行结果

【注意】　删除 students 表中学号为"220102035"的学生记录，如果该学生在选修表中保存有选修课程的记录，应设置级联删除，将选修记录一并删除，否则会出现违反参照完整性的情况。

【例 5-9】　删除 sc 表中所有的记录。

具体查询语句为：

```
DELETE
FROM sc;
```

运行结果如图 5-18 所示。

图 5-18　例 5-9 运行结果

因为 DELETE 语句中没有指定 WHERE 子句，表示删除 sc 表中的所有记录。

可通过以下查询语句验证选修表中的记录是否被删除：

```
SELECT *
FROM sc;
```

查询结果如图 5-19 所示。由此可知，sc 表中的记录已被成功删除。

```
mysql> SELECT *
    -> FROM sc;
Empty set (0.00 sec)
```

图 5-19　验证例 5-9 运行结果

DELETE 语句除以上应用外，还可以将子查询嵌入，用于构造删除操作的条件。根据子查询的结果，删除表中满足条件的记录。

【例 5-10】　删除"操作系统"课所有学生的选课记录。

我们首先通过 student 数据库的关系图进行分析(如图 5-14 所示)。"操作系统"是一门课程的课程名，corName 列在 courses 表中，要求删除学生的选课记录，选课记录在 sc 表中。由此可知，本例中的删除数据操作涉及 courses 表和 sc 表。本查询的处理顺序为：

(1) 首先在 courses 表中找出"操作系统"的 corId；

(2) 根据此 corId，在 sc 表中删除选修了该课程的学生记录。

根据分析，写出删除语句：

```
DELETE
FROM sc
WHERE corId = (SELECT corId
               FROM courses
               WHERE corName= '操作系统');
```

子查询运行后，查询到操作系统的课程号为 004 号，删除命令成功执行后，所有 004 号课程的选修记录都被删除。运行结果如图 5-20 所示。

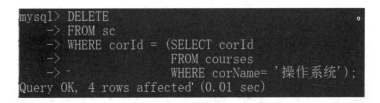

图 5-20　例 5-10 运行结果

【**练习 5-6**】　删除课程表中课程名为"操作系统"的记录。

【**练习 5-7**】　在 sc 表中将计算机应用班全部学生的选修记录删除。

第6章　使用其他数据库对象

本章重点

(1) 理解视图的概念、掌握创建和使用视图的方法；
(2) 理解存储过程的概念、掌握创建和使用存储过程的方法；
(3) 理解触发器的概念、掌握创建和使用触发器的方法。

本章难点

理解存储过程和触发器的基本原理并应用其解决问题。

自学建议

按顺序阅读并完成练习，尤其要在 MySQL 中做足实验，验证自己的想法。

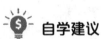

教学建议

建议根据本章的结构，采用案例教学，按照：语法→实例→练习的顺序进行讲解。

6.1　使用视图

6.1.1　理解视图的概念

所谓视图，简单地说就是一段以特定名称保存起来 SELECT 查询。

视图从表面上看，结构和表结构类似，而实际上，视图是一个从基本表中导出的虚拟表。基本表是实实在在存在的，而视图是虚拟的，它存放的只是一些代码。当用户要查看视图时，其实是先运行了这些代码来提取基本表内的信息，通过视图反映出来，而数据仍保存在基本表中。所以，当基本表中的数据发生变化，从视图中查询出的数据也随之改变。视图就像一个窗口，通过它可以看到表中自己感兴趣的数据及其变化。

对视图的操作和对表的操作方式相同，包括查询视图、插入数据、修改数据和删除数据。通过视图插入、修改和删除数据，因数据最终是保存到基本表里的，所以操作最终影响的是表中的数据。

视图的作用一般表现为两个方面：

一是整合数据，按需要呈现数据。数据库的设计，常常把信息切割成很小的单位，存入不同的字段或不同的基表中。比如，把"姓名"分成两个字段，存为"姓""名"；把学生成绩，分为学生信息、课程信息、成绩信息，存入三个表中。而视图则可以通过查询，整合用户需要的数据，屏蔽数据库的复杂设计。

二是辅助权限设置，实现数据安全。数据库系统的权限(查阅、写入、修改等)一般以数据库对象(表、视图、存储过程等)为单位进行设置的，对于特定的用户权限，可以使用视图抽取相应的数据，以符合此类用户的权限安排，从而实现数据安全。

比如，员工表中的底薪、身份证号是敏感信息，不向一般员工开放，则可以创建一个除去敏感字段的视图，赋给一般员工查阅。而员工本身的所有信息，都可以在员工表中进行统一管理，不必分成多个基表。

6.1.2　定义视图

SQL 中使用 CREATE VIEW 命令定义视图，其一般格式为：

CREATE VIEW<视图名>[(<列名 1>[,<列名 2>])...]

AS<子查询>

[WITH CHECK OPTION]

其中，视图的列名列表可以省略，如省略，则以子查询的结果列作为视图的列；子查询可以是任意复杂的 SELECT 子句，但通常不允许含有 ORDER BY 子句和 DISTINCT 语句；WITH CHECK OPTION 子句可选，表示对视图进行 UPDATE、INSERT 操作时，要保证更新、插入的行满足视图定义中的谓词条件(即子查询中的条件表达式)。

需要注意，在以下三种情况下，定义视图时必须明确指定组成视图的所有列名：

(1) 某个目标列不是单纯的属性名，而是函数或列表达式；

(2) 多表连接时选出了几个同名列作为视图的字段；

(3) 需要在视图中为某个列启用新的更合适的名字。

数据库系统执行 CREATE VIEW 语句的结果，只是把视图的定义存入系统数据字典，并不执行其中的 SELECT 语句。只是在对视图进行查询时，才按视图的定义从基本表中将数据查出。

【例 6-1】 建立计算机应用班的学生的视图，视图名为"csstu1"。

具体查询语句为：

```
CREATE VIEW csstu1
    AS
    SELECT *
    FROM students
    WHERE class='计算机应用';
```

运行结果如图 6-1 所示。

图 6-1　例 6-1 运行结果

本例中，使用单表查询语句将 students 表中班级为"计算机应用"的学生查出来，并以此建立了视图。视图建立之后，可以对其进行查询。

SELECT * FROM csstu1;

运行结果如图 6-2 所示。

图 6-2　查询视图 csstudents

【例 6-2】　建立计算机应用班的学生的视图，视图名为"csstu2"，并要求进行修改和插入操作时仍需要保证该视图只有计算机应用班的学生。

具体查询语句为：

```
CREATE VIEW csstu2
    AS
    SELECT *
    FROM students
    WHERE class='计算机应用'
    WITH CHECK OPTION;
```

运行结果如图 6-3 所示。

图 6-3　例 6-2 运行结果

本例中，WITH CHECK OPTION 子句保证了在对视图 csstu2 进行插入和修改数据操作时，学生的班级仍然是计算机应用班。如果尝试插入其他班级的学生，或将学生的班级修改为其他班，系统会报错。例如执行以下语句：

```
INSERT INTO csstu2(stuId,stuName,class)
VALUES('220102035','陈佳佳','软件技术');
```

运行结果如图 6-4 所示。

```
mysql> INSERT INTO csstu2(stuId,stuName,class)
    -> VALUES('220102035','陈佳佳','软件技术');
ERROR 1369 (HY000): CHECK OPTION failed 'student.csstu2'
```

图 6-4 插入数据报错

视图不仅可以建立在单个基本表上，也可以建立在多个基本表上。

【**例 6-3**】 建立计算机应用班中选修了 001 号课程的学生的视图，视图命名为"cs001"，视图的列包括学号、姓名、课程号和成绩。

具体查询语句为：

```
CREATE VIEW cs001(stuId,stuName,corId,score)
    AS
SELECT students.stuId,stuName,corId,score
FROM students INNER JOIN sc ON students.stuId=sc.stuId
WHERE class='计算机应用' AND sc.corId='001';
```

运行结果如图 6-5 所示。

```
mysql> CREATE VIEW cs001(stuId,stuName,corId,score)
    ->     AS
    ->     SELECT students.stuId,stuName,corId,score
    ->     FROM students INNER JOIN sc ON students.stuId=sc.stuId
    ->     WHERE class='计算机应用' AND sc.corId='001';
Query OK, 0 rows affected (0.02 sec)
```

图 6-5 例 6-3 运行结果

本例中，由于视图"cs001"的列中包含了 students 表与 sc 表的同名列 stuId，所以必须在视图名后面明确说明视图的各个列名。对该视图进行查询，结果如图 6-6 所示。

```
mysql> select * from cs001;
+-----------+----------+-------+-------+
| stuId     | stuName  | corId | score |
+-----------+----------+-------+-------+
| 210102002 | 张辽为   | 001   | 90.0  |
| 210102003 | 王丽丽   | 001   | 85.0  |
| 210102004 | 张跳湘   | 001   | 80.0  |
| 210102005 | 王红蒋   | 001   | 100.0 |
+-----------+----------+-------+-------+
4 rows in set (0.01 sec)
```

图 6-6 查询视图 cs001

视图不仅可以建立在一个或多个基本表上，还可以建立在一个或多个已定义好的视图上，或建立在基本表与视图上。

【**例 6-4**】建立计算机应用班中选修了 001 号课程且成绩在 90 分以上的学生的视图，视图命名为"cs00190"，视图的字段包括学号，姓名，课程号和成绩。

具体查询语句为：

```
CREATE VIEW cs00190
```

```
        AS
    SELECT stuId,stuName,corId,score
    FROM cs001
    WHERE score>=90;
```

运行结果如图6-7所示。

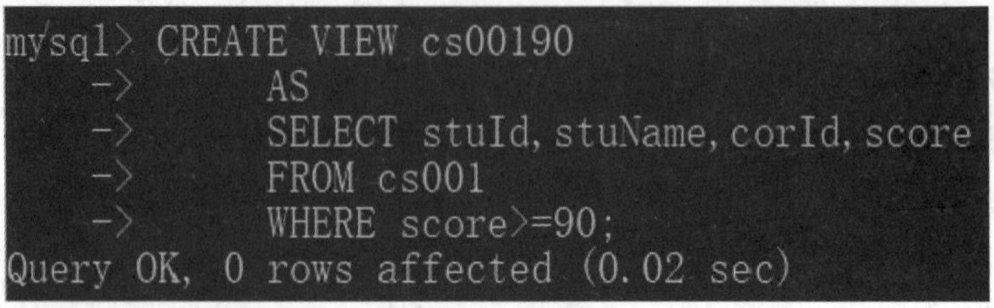

图 6-7　例 6-4 运行结果

本例中，视图"cs00190"是建立在视图"cs001"之上的。对该视图进行查询，结果如图 6-8 所示。

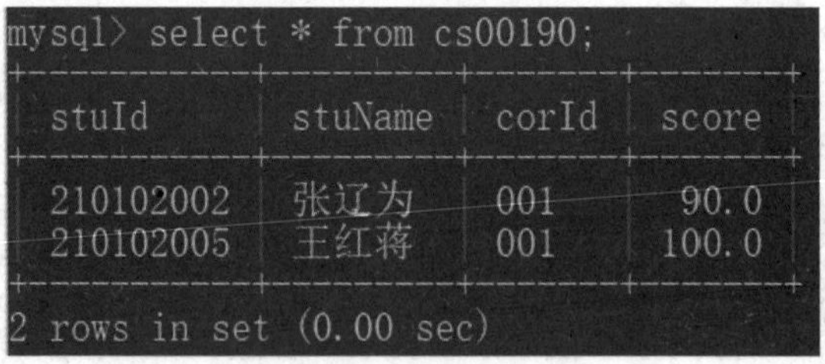

图 6-8　查询视图 cs00190

【**例 6-5**】　建立一个反映学生年龄的视图，视图命名为"stuage"，视图的列包括学号，姓名和年龄。

具体查询语句为：

```
    CREATE VIEW stuage(stuId,stuName,age)
        AS
        SELECT stuId,stuName, YEAR(CURDATE())-YEAR(birth)
        FROM students;
```

运行结果如图 6-9 所示。

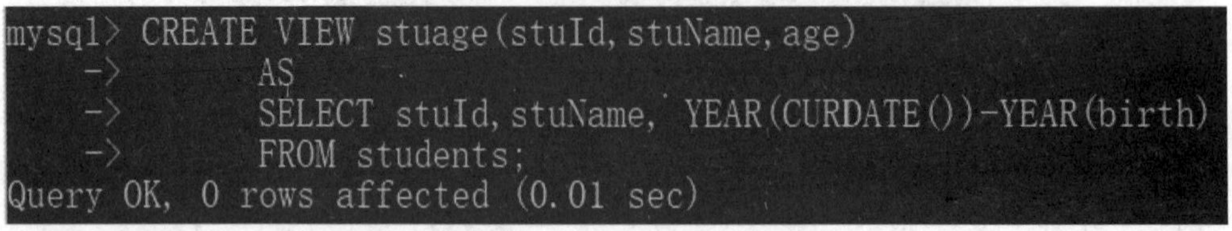

图 6-9　例 6-5 运行结果

本例中，视图"stuage"是一个带表达式的视图。视图中的年龄值是通过表达式计算得到的。由于 SELECT 语句的目标列中包含函数表达式，所以 CREATE VIEW 中必须明确定义组成视图的各个列名。对该视图进行查询，结果如图 6-10 所示。

```
mysql> select * from stuage;
+-----------+----------+------+
| stuId     | stuName  | age  |
+-----------+----------+------+
| 210101001 | 张永立   |   19 |
| 210101002 | 刘晨     |   19 |
| 210101003 | 王小敏   |   19 |
| 210101004 | 赵诚岚   |   19 |
| 210101005 | 张学成   |   18 |
| 210101006 | 李明丽   |   19 |
| 210101007 | 李静静   |   19 |
```

图 6-10　查询视图 stuage

还可以使用带有 GROUP BY 子句和集合函数的查询来定义视图，这种视图称为分组视图。

【例 6-6】 建立为一个视图，统计每个学生课程的平均成绩，视图命名为"stuavgscore"，视图的字段包括学号和平均成绩。

具体查询语句为：

```
CREATE VIEW stuavgscore(stuId,avgscore)
    AS
    SELECT stuId,AVG(score)
    FROM sc
    GROUP BY stuId;
```

运行结果如图 6-11 所示。

```
mysql> CREATE VIEW stuavgscore(stuId, avgscore)
    ->       AS
    ->       SELECT stuId, AVG(score)
    ->       FROM sc
    ->       GROUP BY stuId;
Query OK, 0 rows affected (0.01 sec)
```

图 6-11　例 6-6 运行结果

本例中，按学号分组，使用聚合函数计算学生的平均成绩，并以此查询结果建立视图。由于 SELECT 语句的目标列包含聚合函数，所以 CREATE VIEW 中必须明确定义组成视图的各个列名。对该视图进行查询，结果如图 6-12 所示。

```
mysql> select * from stuavgscore;
+-----------+----------+
| stuId     | avgscore |
+-----------+----------+
| 210101001 | 83.50000 |
| 210101002 | 80.41667 |
| 210101003 | 76.25000 |
| 210101004 | 78.33333 |
| 210101005 | 75.00000 |
| 210101006 | 86.66667 |
| 210101007 | 90.00000 |
| 210101008 | 80.00000 |
```

图 6-12　查询视图 stuavgscore

【练习 6-1】　建立一个学时在 54 学时以上的课程的视图，视图命名为"course1"。

【练习 6-2】　建立一个学时在 54 学时以上的课程的视图，并要求对该视图进行修改和插入操作时，仍要保证课程学时在 54 学时以上，视图命名为"course2"。

【练习 6-3】　建立选修了 001 号课程的女生的视图，视图命名为"female001"，视图的列包括学号、姓名、课程号和成绩。

【练习 6-4】　建立选修了 001 号课程且成绩在 80 分以上的女生的视图，视图命名为"female00180"，视图的列包括学号、姓名、课程号和成绩。(提示：该视图可以建立在视图"female001"之上。)

【练习 6-5】　建立为一个视图，统计每门课程的平均成绩，视图命名为"coravgscore"，视图的字段包括课程号和平均成绩。

6.1.3　查询视图

对视图的查询其实就是对基本表的查询。

【例 6-7】　在视图"csstu1"的中找出电话号码以"22"开头的学生，查询结果包括学号、姓名和电话。

具体查询语句为：

```
Select stuId, stuName, telNo
From csstu1
Where telNo Like '22%';
```

运行结果如图 6-13 所示。

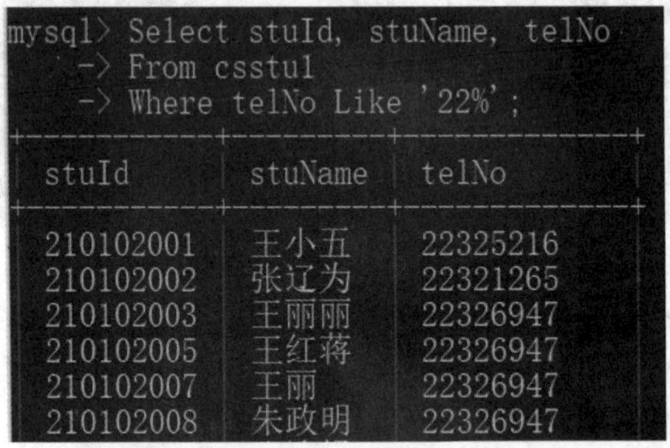

图 6-13　例 6-7 运行结果

本例可转换为对基本表的查询，语句为：

```
Select stuId, stuName, telNo
From students
Where class='计算机应用' and telNo Like '22%';
```

【例 6-8】　查询计算机应用班中选修了 002 号课程的学生，查询结果包括学号、姓名和课程号。

具体查询语句为：

```
SELECT csstu1.stuId, stuName,corId
```

FROM csstu1 INNER JOIN sc ON csstu1.stuId=sc.stuId

WHERE corId='002';

运行结果如图 6-14 所示。

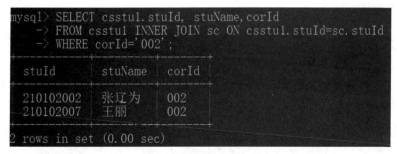

图 6-14　例 6-8 运行结果

本例中，本查询涉及视图"csstu1"和基本表"sc"，通过将它们进行内连接来完成查询。由于视图"csstu1"和基本表"sc"都有共同的字段 stuId，所以在查询结果中要指明选取哪个列。

【例 6-9】　在视图"stuavgscore"中查询平均成绩在 85 分以上的学生学号和平均成绩。

查询代码为：

SELECT *

FROM stuavgscore

WHERE avgscore>=85;

运行结果如图 6-15 所示。

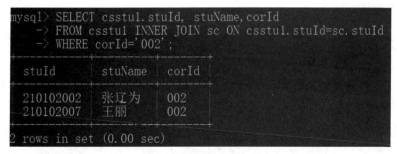

图 6-15　例 6-9 运行结果

将本例转换为对基本表的查询，语句为：

SELECT stuId,AVG(score)

FROM sc

GROUP BY stuId

HAVING AVG(score)>=85;

可见使用视图进行查询，简化了查询代码。

【练习 6-6】　在视图"course1"中查询"数据库"课程的学时和学分。

【练习 6-7】　在视图"female001"中统计选修 001 号课程且成绩及格的女生人数。

6.1.4　更新视图

更新视图是指通过视图来插入、删除和修改数据。因为视图是一个虚拟表，所以对视图的更新，最终要转换为对基本表的更新。

【例 6-10】　将视图"csstu1"中学号为"210102002"的学生姓名改为"欧阳毅"。

具体查询语句为：

```
UPDATE csstu1
SET stuName='欧阳毅'
WHERE stuId='210102002';
```

运行结果如图 6-16 所示。

图 6-16　例 6-10 运行结果

本例中，对视图的数据修改将转换为对基本表的修改，即转换为以下命令：

```
UPDATE students
SET stuName='欧阳毅'
WHERE stuId='100101001'　AND class='计算机应用';
```

此时查询视图"csstu1"中学号为"210102002"的学生，结果如图 6-17 所示，姓名已完成修改。

图 6-17　查询视图 csstu1

再次查询 students 表中学号为"210102002"的学生，结果如图 6-18 所示，表中学生的姓名已被修改，验证了对视图的修改，最终要转换为对基本表的修改。

图 6-18　查询 students 表

【例 6-11】　向视图"csstu2"中插入一个新的学生记录(stuId：210102031；stuName：赵小新；class：计算机应用；sex：男；birth：2003-11-16；telNo：2779812；Email:Zxxing @21cn.Com；comment：Null)。

INSERT INTO csstu2

VALUES('210102031', '赵小新', '计算机应用', '男', '2003-11-16', '2779812', 'Zxxing@21cn.cn', Null);

运行结果如图 6-19 所示。

```
mysql> INSERT INTO csstu2
    -> VALUES('210102031', '赵小新', '计算机应用', '男', '2003-11-16', '2779812', 'Zxxing@21cn.cn', Null);
Query OK, 1 row affected (0.01 sec)
```

图 6-19　例 6-11 运行结果

本例中，对视图的数据插入将转换为对基本表的插入，即转换为以下命令：

INSERT INTO students

VALUES('210102031', '赵小新', '计算机应用', '男', '2003-11-16', '2779812',

'Zxxing@21cn.cn', Null);

对 students 表进行查询，验证这条记录是否保存在了学生表，如图 6-20 所示。从查询结果可知，数据确实通过视图插入到了基本表里面。

```
mysql> select * from students where stuId='210102031';
+-----------+---------+------------+-----+------------+---------+----------------+---------+
| stuId     | stuName | class      | sex | birth      | telNo   | Email          | comment |
+-----------+---------+------------+-----+------------+---------+----------------+---------+
| 210102031 | 赵小新  | 计算机应用 | 男  | 2003-11-16 | 2779812 | Zxxing@21cn.cn | NULL    |
+-----------+---------+------------+-----+------------+---------+----------------+---------+
1 row in set (0.01 sec)
```

图 6-20　查询 students 表

由于视图“csstu2”在定义时加上了 WITH CHECK OPTION 子句，所以对该视图插入数据时，系统会判断插入的数据是否满足班级为“计算机应用”的条件，满足了就允许插入记录，不满足则报错。

【例 6-12】 删除视图“csstu2”中学号为“210102031”的记录。

具体查询语句为：

DELETE

FROM csstu2

WHERE stuId='210102031';

运行结果如图 6-21 所示。

```
mysql> DELETE
    -> FROM csstu2
    -> WHERE stuId='210102031';
Query OK, 1 row affected (0.01 sec)
```

图 6-21　例 6-12 运行结果

本例中，对视图的数据删除将转换为对基本表的删除，即转换为以下命令：

DELETE

FROM students

WHERE stuId='110102003'　AND class='计算机应用';

再次查询 students 表，发现这条记录已经被删除，如图 6-22 所示。

```
mysql> select * from students where stuId='210102031';
Empty set (0.00 sec)
```

图 6-22　再次查询 students 表

视图在一定程度上保护了数据的安全，在关系数据库中，并不是所有的视图都可以更新。有些视图的更新不能唯一地有意义地转换成对相应基本表的更新。

例如 6.1.2 节例 6-6 定义的视图"stuavgscore"是由学号和平均成绩两个列组成的，其中平均成绩列是由 sc 表中对数据分组后计算平均值得来的。如果我们想把视图"stuavgscore"中学号为"210101001"的学生的平均成绩改成 90 分，SQL 语句如下：

```
UPDATE stuavgscore
SET avgscore=90
WHERE stuId='210101001';
```

运行结果如图 6-23 所示。

```
mysql> UPDATE stuavgscore
    -> SET avgscore=90
    -> WHERE stuId='210101001';
ERROR 1288 (HY000): The target table stuavgscore of the UPDATE is not updatable
```

图 6-23　更新视图"stuavgscore"

从图中可知，"stuavgscore"不可更新。这是因为，对视图"stuavgscore"的更新无法转换成对基本表 sc 的更新，因为系统无法修改各科成绩，以使平均成绩成为 90。所以视图"stuavgscore"是不可更新的。

总的来说，以下情况下视图不可更新：

(1) 若视图是由两个以上基本表导出的，则此视图不允许更新。

(2) 若视图的字段来自字段表达式或常数，则不允许对此视图执行 INSERT 和 UPDATE 操作，但允许执行 DELETE 操作。

(3) 若视图的字段来自集函数，则此视图不允许更新。

(4) 若视图定义含有 GROUP BY 子句，则此视图不允许更新。

(5) 若视图定义含有 DISTINCT 短语，则此视图不允许更新。

(6) 若视图定义中有嵌套查询，并且内层查询的 FROM 子句中涉及的表也是导出该视图的基本表，则此视图不允许更新。

(7) 一个不允许更新的视图上定义的视图也不允许更新。

需要注意的是，不可更新的视图与不允许更新的视图是两个不同的概念，前者指理论上已证明其是不可更新的视图。后者指实际系统中不支持其更新，但它本身有可能是可更新的视图。

【练习 6-8】　在视图"course1"中插入一条新的课程记录(corId：065；corName：大数据可视化技术；period：54；credit：3)。

【练习 6-9】　在视图"course1"中将课程"数据库"的学时修改为 54 学时。

【练习 6-10】　删除视图"course1"中课程"数据库"的记录。

6.1.5　删除视图

有时候，某些视图在完成一定业务之后就不需要了，这时管理员就应该把它们删除。需要注意的是，删除视图只是将视图的定义从系统数据字典中删除，而不等同于删除基本表。视图被删除了，而基本表依旧存在。

【例 6-13】 删除视图"csstu1"。

具体查询语句为：

```
DROP VIEW csstu1;
```

运行结果如图 6-24 所示。

```
mysql> DROP VIEW csstu1;
Query OK, 0 rows affected (0.02 sec)
```

图 6-24 例 6-13 运行结果

执行此语句后，视图"csstu1"的定义将从数据字典中删除。如果有其他视图建立在视图"csstu1"之上，这些视图的定义虽然还保存在数据库字典中，但是这些视图已无法使用了，应该一并删除。

如果视图基于的基本表被删除了，视图没有被删除也无法使用了。

【练习 6-11】 删除视图"course1"。

6.2 使用存储过程

6.2.1 理解存储过程的概念

在日常工作中可能遇到这种情况，某些操作执行的频率比较高。例如，仓库管理员每天都要查询仓库内产品的库存数量。这种操作，如果每次都要输入一段查询命令来执行，就显得比较烦琐。我们可以设想，将这些执行频率较高的操作事先用一段命令编写好，保存在数据库服务器端。每次执行操作时，只需要输入简单的指令来执行这段命令，这样就简化了操作，提高了工作效率。这种方法就是使用存储过程。

存储过程和表、视图一样，也是一种数据库对象。它是在服务器端保存和执行的一组 SQL 语句的集合，主要用于提高数据库中检索数据的速度，以及向表中写入或修改数据。用户需要执行存储过程时，只需要给出存储过程的名称和必要的参数即可。

在数据库中，使用存储过程有以下优点：

(1) 存储过程在服务器端运行，执行速度快、效率高。

(2) 存储过程执行一次后，其执行规划就驻留在高速缓冲存储器中。当需要再次执行时，只要从高速缓冲存储器中调用已编译好的二进制代码执行即可，从而提高了系统性能。

(3) 确保数据库的安全。使用存储过程可以完成所有的数据库操作，并可以通过编程方式控制上述操作对数据库信息访问的权限。

(4) 自动完成需要预先执行的任务。存储过程可以在系统启动时自动执行，而不必在系统启动后再进行手工操作，从而大大方便了用户的使用，自动完成一些需要预先执行的任务。

6.2.2 创建和执行存储过程

存储过程由 CREATE PROCEDURE 语句创建，其语法如下：

```
CREATE PROCEDURE proc_name( [proc_parameter])
    Routine_body
```

各部分的参数解释如下：

(1) proc_name：用于指定要创建的存储过程的名称。

(2) proc_parameter：存储过程的参数。在 CREATE PROCEDURE 语句中可以声明一个或多个参数。参数的形式：

```
[IN|OUT|INOUT]para_name type
```

其中，IN 表示输入参数，用于接收程序执行过程中的外部输入值；OUT 表示输出参数，用于将程序执行的结果输出；INOUT 表示参数既可以接收输入也可以用于输出；如果声明时不指定参数类型，默认为 IN 参数；para_name 表示参数的名称，type 表示参数的数据类型，可以是 MySQL 中支持的任意数据类型。

(3) Routine_body：存储过程主体代码，可包含的任意数目和类型的 SQL 语句。可以用 BEGIN...END 来表示代码的开始和结束。

【注意】 不能将 CREATE PROCEDURE 语句与其他 SQL 语句组合到单个批处理中。存储过程是数据库对象，其名称必须遵守标识符规则。只能在当前数据库中创建存储过程。

【例 6-14】 在 student 数据库中创建名为 "Stuproc1" 的存储过程，用来查询班级为 "计算机应用" 的学生的学号、姓名和性别。

具体查询语句为：

```
CREATE PROCEDURE Stuproc1()
BEGIN
SELECT stuId,stuName,sex
FROM students
WHERE class='计算机应用';
END;
```

执行过程如图 6-25 所示。

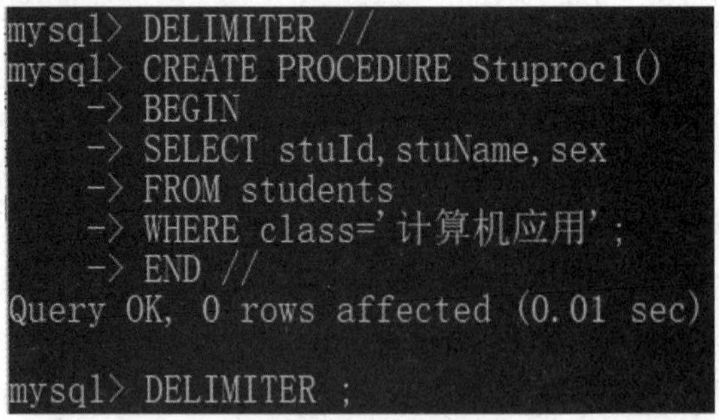

图 6-25　例 6-14 执行过程

上图中，语句 "DELIMITER //" 和 "DELIMITER ;" 两句用于声明的语句结束符。因为 MySQL 中默认的语句结束符为 ";"，为了避免与存储过程中 SQL 语句的结束符相冲突，使用 DELIMITER 关键字改变存储过程的结束符，并以 "END //" 结束存储过程。存储过程定义完毕后，使用 "DELIMITER ;" 恢复默认语句结束符。

存储过程创建完成后，可以使用 CALL 语句来执行，称为调用存储过程。CALL 语句的语法格式如下：

```
CALL proc_name( [proc_parameter])
```

【例 6-15】 调用存储过程“Stuproc1”，查看其执行结果。

具体查询语句为：

```
CALL Stuproc1();
```

运行结果如图 6-26 所示。

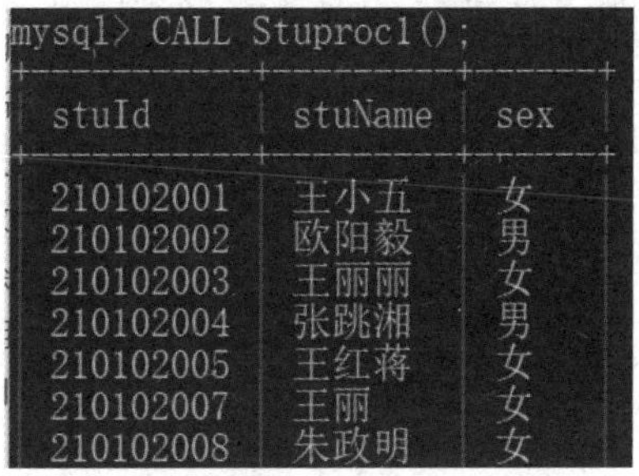

```
mysql> CALL Stuproc1();
+-----------+----------+-----+
| stuId     | stuName  | sex |
+-----------+----------+-----+
| 210102001 | 王小五   | 女  |
| 210102002 | 欧阳毅   | 男  |
| 210102003 | 王丽丽   | 女  |
| 210102004 | 张跳湘   | 男  |
| 210102005 | 王红蒋   | 女  |
| 210102007 | 王丽     | 女  |
| 210102008 | 朱政明   | 女  |
```

图 6-26　例 6-15 运行结果

【例 6-16】 创建存储过程“Stuproc2”，根据用户输入的班级名，查询该班学生的学号、姓名和性别。

具体查询语句为：

```
CREATE PROCEDURE Stuproc2(var_class varchar(30))
BEGIN
SELECT stuId,stuName,sex
FROM students
WHERE class=var_class;
END;
```

运行结果如图 6-27 所示。

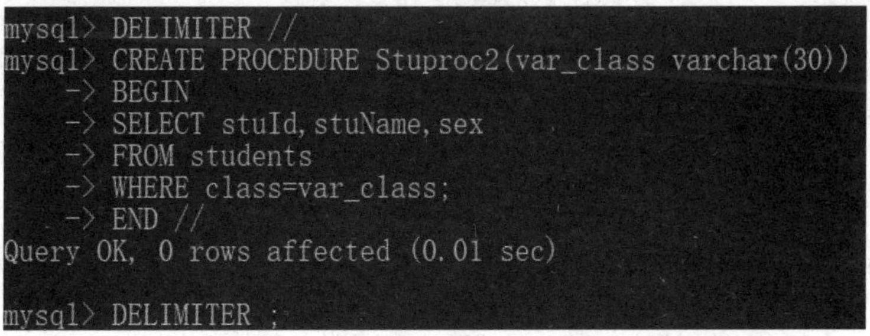

```
mysql> DELIMITER //
mysql> CREATE PROCEDURE Stuproc2(var_class varchar(30))
    -> BEGIN
    -> SELECT stuId, stuName, sex
    -> FROM students
    -> WHERE class=var_class;
    -> END //
Query OK, 0 rows affected (0.01 sec)

mysql> DELIMITER ;
```

图 6-27　例 6-16 运行结果

本例中，定义了一个带有输入参数的存储过程，参数 var_class 用于接收用户输入的班级名称，存储过程根据输入的班级名称，查询该班级的学生信息。

【例 6-17】 调用存储过程“Stuproc2”，查询“软件技术”班的学生情况。

具体查询语句为：

```
CALL Stuproc2('软件技术');
```

运行结果如图 6-28 所示。

```
mysql> CALL Stuproc2('软件技术')
+-----------+----------+------+
| stuId     | stuName  | sex  |
+-----------+----------+------+
| 210101001 | 张永立   | 男   |
| 210101002 | 刘晨     | 女   |
| 210101003 | 王小敏   | 女   |
| 210101004 | 赵诚岚   | 女   |
| 210101005 | 张学成   | 男   |
| 210101006 | 李明丽   | 女   |
| 210101007 | 李静静   | 女   |
```

图 6-28　例 6-17 运行结果

【例 6-18】 创建存储过程“Stuproc3”，根据用户输入的学号和课程名，返回该课程的成绩。

具体查询语句为：

```
CREATE PROCEDURE Stuproc3(var_stuId char(9),var_corName varchar(30))
BEGIN
SELECT stuId,corName,score
FROM courses INNER JOIN sc on courses.corId=sc.corId
WHERE stuId=var_stuId and corName=var_corName;
END;
```

运行结果如图 6-29 所示。

```
mysql> DELIMITER //
mysql> CREATE PROCEDURE Stuproc3(var_stuId char(9),var_corName varchar(30))
    -> BEGIN
    -> SELECT stuId,corName,score
    -> FROM courses INNER JOIN sc on courses.corId=sc.corId
    -> WHERE stuId=var_stuId and corName=var_corName;
    -> END //
Query OK, 0 rows affected (0.01 sec)

mysql> DELIMITER ;
```

图 6-29　例 6-18 运行结果

本例中，存储过程“Stuproc3”定义了两个输入参数(var_stuId 和 var_corName)。将输入的学号和课程名作为查询条件，返回相应的成绩。

【例 6-19】 执行存储过程“Stuproc3”，查询学号为“210101001”、课程名为“数学”的成绩。

具体查询语句为：

```
CALL Stuproc3('210101001', '数学');
```

运行结果如图所示 6-30 所示。

```
mysql> CALL Stuproc3('210101001', '数学');
+-----------+---------+-------+
| stuId     | corName | score |
+-----------+---------+-------+
| 210101001 | 数学    | 100.0 |
+-----------+---------+-------+
1 row in set (0.00 sec)
```

图 6-30　例 6-19 运行结果

【例 6-20】 创建存储过程"Stuproc4",根据用户输入的学号,返回该学生的选课门数。

具体查询语句为:

```
CREATE PROCEDURE Stuproc4(IN var_stuId char(9),OUT var_count int)
BEGIN
SELECT count(*) INTO var_count
FROM SC
WHERE stuId=var_stuId;
END;
```

运行结果如图 6-31 所示。

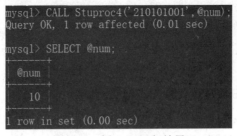

图 6-31　例 6-20 运行结果

本例中,定义了一个输入参数 var_stuId,用于接收用户输入的学号;定义了一个输出参数 var_count,用于返回统计的结果。SELECT 语句使用 count(*) 统计学生的选课门数,并存入参数 var_count 中。

【例 6-21】 执行存储过程"Stuproc4",查询学号为"210101001"的学生的选课门数。

具体查询语句为:

```
CALL Stuproc4('210101001',@num);
SELECT @num;
```

运行结果如图 6-32 所示。

图 6-32　例 6-21 运行结果

本例中,CALL 语句调用存储过程,使用 SELECT 语句查询存储过程的输出结果。

【注意】 存储过程创建成功后,不能修改其参数或子程序,如果需要修改,必须删除存储过程再重新创建。

【练习 6-12】 创建一个存储过程"Stuproc5",根据输入的课程名,查询该课程的学时和学分。调用该存储过程,输入某个课程名,查看执行结果。

【练习 6-13】 创建一个存储过程"Stuproc6"，根据输入的课程名，查询选修该课程的学生的学号和成绩。调用该存储过程，输入某个课程名，查看执行结果。

【练习 6-14】 创建一个存储过程"Stuproc7"，根据输入的课程号，返回该课程的选课人数。调用该存储过程，输入某个课程号，查看执行结果。

6.2.3　查看存储过程

如果要了解存储过程的状态信息，可以使用 SHOW STATUS 语句或 SHOW CREATE 语句来查看，也可以通过系统数据库 information_schema 来查询。

1. 使用 SHOW STATUS 语句查看存储过程的状态

SHOW STATUS 语句的语法结构如下：

　　SHOW PROCEDURE STATUS [LIKE 'pattern']

其中，LIKE 'pattern'可选，用于匹配存储过程的名称。

【例 6-22】 使用 SHOW STATUS 语句查看存储过程"Stuproc1"的状态。

具体查询语句为：

　　SHOW PROCEDURE STATUS LIKE 'Stuproc1' \G

运行结果如图 6-33 所示。

```
mysql> SHOW PROCEDURE STATUS LIKE 'Stuproc1'\G
*************************** 1. row ***************************
                  Db: student
                Name: Stuproc1
                Type: PROCEDURE
             Definer: root@localhost
            Modified: 2022-03-03 09:31:43
             Created: 2022-03-03 09:31:43
       Security_type: DEFINER
             Comment:
character_set_client: gbk
collation_connection: gbk_chinese_ci
  Database Collation: utf8mb4_0900_ai_ci
1 row in set (0.00 sec)
```

图 6-33　例 6-22 运行结果

本例中，因查询结果表格较长，为方便查看结果，语句的结尾加上"\G"，表示将查询结果进行按列打印，可以使每个字段打印到单独的行，即将查到的结果旋转 90 度变成纵向。

2. 使用 SHOW CREATE 语句查看存储过程的状态

SHOW CREATE 语句的语法格式如下：

　　SHOW CREATE PROCEDURE proc_name

其中，proc_name 表示要查看的存储过程的名称。

【例 6-23】 使用 SHOW CREATE 语句查看存储过程"Stuproc1"的状态。

具体语句为：

　　SHOW CREATE PROCEDURE Stuproc1 \G

运行结果如图 6-34 所示。

```
mysql> SHOW CREATE PROCEDURE Stuproc1 \G
*************************** 1. row ***************************
           Procedure: Stuproc1
            sql_mode: STRICT_TRANS_TABLES,NO_ENGINE_SUBSTITUTION
    Create Procedure: CREATE DEFINER=`root`@`localhost` PROCEDURE `Stuproc1`()
BEGIN
SELECT stuId,stuName,sex
FROM students
WHERE class='计算机应用';
END
character_set_client: gbk
collation_connection: gbk_chinese_ci
  Database Collation: utf8mb4_0900_ai_ci
1 row in set (0.00 sec)
```

图 6-34 例 6-23 运行结果

3. 通过系统数据库 information_schema 查看存储过程的状态

MySQL 将存储过程的信息存储在系统数据库 information_schema 的 Routines 表里。可以通过查询该表来查看存储过程的信息，语法格式如下：

```
SELECT * FROM information_schema.Routines
WHERE ROUTINE_NAME='proc_name';
```

其中，ROUTINE_NAME 列中存储的是存储过程的名称，proc_name 表示要查询的存储过程名称。

【例 6-24】 从系统数据库 information_schema 中的 Routines 表里查看存储过程“Stuproc1”的状态。

具体语句为：

```
SELECT * FROM information_schema.Routines
WHERE ROUTINE_NAME='Stuproc1' \G
```

运行结果如图 6-35 所示。

```
mysql> SELECT * FROM information_schema.Routines
    -> WHERE ROUTINE_NAME='Stuproc1' \G
*************************** 1. row ***************************
           SPECIFIC_NAME: Stuproc1
         ROUTINE_CATALOG: def
          ROUTINE_SCHEMA: student
            ROUTINE_NAME: Stuproc1
            ROUTINE_TYPE: PROCEDURE
               DATA_TYPE:
CHARACTER_MAXIMUM_LENGTH: NULL
  CHARACTER_OCTET_LENGTH: NULL
       NUMERIC_PRECISION: NULL
           NUMERIC_SCALE: NULL
      DATETIME_PRECISION: NULL
      CHARACTER_SET_NAME: NULL
          COLLATION_NAME: NULL
          DTD_IDENTIFIER: NULL
            ROUTINE_BODY: SQL
      ROUTINE_DEFINITION: BEGIN
SELECT stuId,stuName,sex
FROM students
WHERE class='计算机应用';
END
           EXTERNAL_NAME: NULL
       EXTERNAL_LANGUAGE: SQL
         PARAMETER_STYLE: SQL
        IS_DETERMINISTIC: NO
         SQL_DATA_ACCESS: CONTAINS SQL
                SQL_PATH: NULL
           SECURITY_TYPE: DEFINER
                 CREATED: 2022-03-03 09:31:43
            LAST_ALTERED: 2022-03-03 09:31:43
                SQL_MODE: STRICT_TRANS_TABLES,NO_ENGINE_SUBSTITUTION
         ROUTINE_COMMENT:
                 DEFINER: root@localhost
    CHARACTER_SET_CLIENT: gbk
    COLLATION_CONNECTION: gbk_chinese_ci
      DATABASE_COLLATION: utf8mb4_0900_ai_ci
1 row in set (0.01 sec)
```

图 6-35 例 6-24 运行结果

【练习6-15】 使用本节介绍的三种方法，查看存储过程"Stuproc5"的状态信息。

6.2.4　删除存储过程

如果存储过程已经不常用或不能满足业务的需要，我们就可以删除它。删除存储过程使用 DROP 命令，DROP 命令可以将一个或者多个存储过程从当前数据库中删除，其语法形式如下：

DROP PROCEDURE [IF EXISTS] proc_name;

其中，IF EXISTS 子句可选，如果该存储过程不存在，它可以防止发生错误；proc_name 表示要删除的存储过程的名称。

【例6-25】 删除存储过程"Stuproc1"。

具体命令为：

DROP PROCEDURE Stuproc1;

运行结果如图 6-36 所示。

```
mysql> DROP PROCEDURE Stuproc1;
Query OK, 0 rows affected (0.02 sec)
```

图 6-36　例 6-25 运行结果

【练习6-16】 删除存储过程"Stuproc5"。

6.3　使用触发器

6.3.1　理解触发器的概念

在 Windows 操作系统中，当我们用非法字符重命名文件夹时，系统会自动显示出错信息："文件名不能包含下列任何字符：\ / : * ? " < > |"，重命名不成功。这种用户的某一操作由系统自动识别和处理的机制也用在了数据库系统中，这就是触发器。

触发器是一种特殊类型的存储过程，它不是由用户通过命令来执行的，而是在用户对数据表执行了插入、删除或修改等操作时自动激活执行的。触发器用于执行一定的业务规则，保证数据完整性，也用于实现数据库的某些管理任务和附加功能。

触发器通过特定事件激活而执行，而存储过程通过存储过程名称直接调用。可以说，存储过程像遥控炸弹，我们可以根据需要控制它何时爆炸；而触发器却像地雷，一旦踩中就会爆炸。

触发器是一个功能强大的工具，主要优点包括：

(1) 触发器自动执行。当对表中的数据作了预定义的操作之后立即被激活执行。

(2) 触发器可以针对多个表进行操作，从而对相关表进行级联更改。

(3) 触发器可以实现复杂的数据完整性约束，更适合在大型数据库管理系统中用于保障数据的完整性。

6.3.2　创建和激活触发器

触发器由 CREATE TRIGGER 语句创建，其语法如下：

```
CREATE TRIGGER trigger_name trigger_time trigger_event
ON table_name FOR EACH ROW trigger_statement;
```

各部分的参数解释如下：

(1) trigger_name：用于指定要创建的触发器的名称。

(2) trigger_time：表示触发器触发的时机，可以指定为 BEFORE 或 AFTER，即触发程序是在激活它的语句之前或之后执行。

(3) trigger_event：表示激活触发器的语句类型，包括 INSERT、UPDATE、DELETE。INSERT 表示新的数据行插入表时激活触发器；UPDATE 表示表中的数据发生更改时激活触发器；DELETE 表示删除表中的数据时激活触发器。

(4) table_name：表示建立触发器的表名。

(5) FOR EACH ROW：表示触发器的执行间隔，触发器每隔一行执行一次动作，而不是对整个表执行一次。

(6) trigger_statement：指定触发器执行的 SQL 语句，可以是一条语句，或者使用BEGIN...END 包含的多条语句。

MySQL 中定义了 OLD 和 NEW，用于表示触发器所在的表，激活触发器的那一行数据。当执行 INSERT 操作激活触发器时，NEW 用来表示将要或已经插入的新数据；当执行DELETE 操作激活触发器时，OLD 用来表示将要或已经删除的原数据；当执行 UPDATE操作激活触发器时，OLD 用来表示将要或已经修改的原数据，NEW 用来表示将要或已经修改的新数据。使用方法为：

NEW.colName　　或　　OLD.colName

其中，colName 表示相应数据表的某一列名。

【例 6-26】　创建一个名为"del_stu"的触发器，当一名学生退学时，将该学生的学号、姓名、班级和电话号码存入 delstudents 表中。

(1) 首先创建一张 delstudents 表代码如下：

```
create table delstudents
(
    stuId char(9) primary key,
    stuName varchar(10),
    class varchar(30),
    telNo varchar(15)
);
```

运行结果如图 6-37 所示。

图 6-37　创建 delstudents 表

(2) 随后创建触发器 del_stu，代码如下：

CREATE TRIGGER del_stu

AFTER DELETE ON students

FOR EACH ROW

INSERT INTO delstudents(stuId,stuName,class,telNo)

values (OLD.stuId,OLD.stuName,OLD.class,OLD.telNo);

运行结果如图 6-38 所示。

图 6-38　创建触发器 del_stu

(3) 尝试删除学生表中的一条记录，代码如下：

DELETE FROM student WHERE stuId='220102028';

运行结果如图 6-39 所示。

图 6-39　删除学生表中的一条记录

(4) 查询 delstudents 表，验证删除的学生记录是否保存进了 delstudents 表。

SELECT * FROM delstudents;

运行结果如图 6-40 所示。

图 6-40　查询 delstudents 表

本例中，执行 DELETE 操作激活触发器 del_stu，OLD 用来表示已经删除的原数据。使用 OLD.stuId、OLD.stuName、OLD.class、OLD.telNo 获取 students 表中被删除学生的学号、姓名、班级和电话号码，然后存入到 delstudents 表中。

【例 6-27】 创建一个名为"up_sc"的触发器，当 students 表里学生的学号发生更改时，同时更改 sc 表中对应的学生的学号。

具体命令为：

```
CREATE TRIGGER up_sc
AFTER UPDATE ON students
FOR EACH ROW
BEGIN
IF NEW.stuId != OLD.stuId THEN
    UPDATE sc
    SET stuId=NEW.stuId
    WHERE stuId=OLD.stuId;
END IF;
END;
```

运行结果如图 6-41 所示。

```
mysql> DELIMITER //
mysql> CREATE TRIGGER up_sc
    -> AFTER UPDATE ON students
    -> FOR EACH ROW
    -> BEGIN
    -> IF NEW.stuId != OLD.stuId THEN
    ->  UPDATE sc
    ->  SET stuId=NEW.stuId
    ->  WHERE stuId=OLD.stuId;
    -> END IF;
    -> END //
Query OK, 0 rows affected (0.03 sec)
```

图 6-41　创建触发器 up_sc

尝试修改一名学生的学号命令为：

```
UPDATE students
SET stuId='210101222'
WHERE stuId='210101002';
```

查询该学生在 sc 表中的学号是否发生了更改：

```
SELECT *
FROM sc
WHERE stuId='210101222';
```

运行结果如图 6-42 所示。

```
mysql> SELECT *
    -> FROM sc
    -> WHERE stuId='210101222';
+-----------+-------+-------+------------+
| stuId     | corId | score | strDate    |
+-----------+-------+-------+------------+
| 210101222 | 001   |  85.0 | 2021-09-01 |
| 210101222 | 002   |  90.0 | 2021-09-10 |
| 210101222 | 003   |  70.0 | 2021-09-10 |
+-----------+-------+-------+------------+
3 rows in set (0.00 sec)
```

图 6-42　查询 sc 表

从上图可知，此时 sc 表中对应学生的学号已发生更改，这是触发器 up_sc 激活执行的结果。

【练习 6-17】 创建一个名为"del_cor"的触发器，当一门课程被取消时，将该课程的课程号、课程名存入 delcourses 表中。

【练习 6-18】 创建一个名为"up_sc2"的触发器，当 courses 表里某课程的课程号发生更改时，同时更改 sc 表中对应课程的课程号。

6.3.3　查看触发器

如果要了解数据库中已经存在的触发器的定义、状态和语法信息等，可以使用 SHOW TRIGGERS 语句来查看，也可以通过系统数据库 information_schema 中的 triggers 表来查询。

1. 使用 SHOW TRIGGERS 语句查看触发器信息

使用 SHOW TRIGGERS 语句查询触发器信息的语句如下：

SHOW TRIGGERS;

直接运行该语句，结果显示的信息比较混乱，可以在后面加上"\G"，以比较有条理的结构显示结果。查看 student 数据库中的触发器信息，命令执行结果如图 6-43 所示。

```
mysql> SHOW TRIGGERS\G;
*********************** 1. row ***********************
             Trigger: up_sc
               Event: UPDATE
               Table: students
           Statement: BEGIN
IF NEW.stuId != OLD.stuId THEN
UPDATE sc
SET stuId=NEW.stuId
WHERE stuId=OLD.stuId;
END IF;
END
              Timing: AFTER
             Created: 2022-03-17 20:17:13.93
            sql_mode: STRICT_TRANS_TABLES,NO_ENGINE_SUBSTITUTION
             Definer: root@localhost
character_set_client: gbk
collation_connection: gbk_chinese_ci
  Database Collation: utf8mb4_0900_ai_ci
*********************** 2. row ***********************
             Trigger: del_stu
               Event: DELETE
               Table: students
           Statement: INSERT INTO delstudents(stuId,stuName,class,telNo)
values (OLD.stuId,OLD.stuName,OLD.class,OLD.telNo)
              Timing: AFTER
             Created: 2022-03-17 17:47:15.69
            sql_mode: STRICT_TRANS_TABLES,NO_ENGINE_SUBSTITUTION
             Definer: root@localhost
character_set_client: gbk
collation_connection: gbk_chinese_ci
  Database Collation: utf8mb4_0900_ai_ci
2 rows in set (0.01 sec)
```

图 6-43　查看 student 数据库中的触发器信息

2. 通过系统数据库 information_schema 中的 triggers 表查看触发器信息

MySQL 中，所有触发器的定义都保存在 information_schema 数据库中的 triggers 表中。可以通过 SELECT 命令来查看，语法格式如下：

    SELECT * FROM information_schema.triggers where condition;

其中，condition 表示查询条件。

【例 6-28】 通过 SELECT 命令查询触发器"del_stu"的信息。

具体查询语句为：

    SELECT * FROM information_schema.triggers

    WHERE trigger_name='del_stu'\G

运行结果如图 6-44 所示。

```
mysql> SELECT * FROM information_schema.triggers
    -> WHERE trigger_name='del_stu'\G
*************************** 1. row ***************************
           TRIGGER_CATALOG: def
            TRIGGER_SCHEMA: student
              TRIGGER_NAME: del_stu
        EVENT_MANIPULATION: DELETE
      EVENT_OBJECT_CATALOG: def
       EVENT_OBJECT_SCHEMA: student
        EVENT_OBJECT_TABLE: students
              ACTION_ORDER: 1
          ACTION_CONDITION: NULL
          ACTION_STATEMENT: INSERT INTO delstudents(stuId, stuName, class, telNo)
values (OLD.stuId, OLD.stuName, OLD.class, OLD.telNo)
        ACTION_ORIENTATION: ROW
             ACTION_TIMING: AFTER
  ACTION_REFERENCE_OLD_TABLE: NULL
  ACTION_REFERENCE_NEW_TABLE: NULL
    ACTION_REFERENCE_OLD_ROW: OLD
    ACTION_REFERENCE_NEW_ROW: NEW
                   CREATED: 2022-03-17 17:47:15.69
                  SQL_MODE: STRICT_TRANS_TABLES, NO_ENGINE_SUBSTITUTION
                    DEFINER: root@localhost
      CHARACTER_SET_CLIENT: gbk
      COLLATION_CONNECTION: gbk_chinese_ci
        DATABASE_COLLATION: utf8mb4_0900_ai_ci
1 row in set (0.00 sec)
```

图 6-44　查询触发器"del_stu"的信息

也可以不指定触发器的名称，直接查询 triggers 表中所有的触发器信息，命令如下：

    SELECT * FROM information_schema.triggers\G

【练习 6-19】 使用本节介绍的方法，查看数据库中触发器的信息。

6.3.4　删除触发器

如果系统中的触发器已经不能满足业务的需要，我们就可以删除它。删除触发器使用 DROP 命令，其语法形式如下：

    DROP TRIGGER [schema_name.] trigger_name;

其中，schema_name 表示数据库名称，可以省略；如果省略了 schema_name，则表示从当前数据库中删除触发器；trigger_name 表示要删除的触发器的名称。

【例 6-29】 删除触发器"del_stu"。

具体操作代码为：

    DROP TRIGGER student.del_stu;

运行结果如图 6-45 所示。

```
mysql> DROP TRIGGER student.del_stu;
Query OK, 0 rows affected (0.02 sec)
```

图 6-45 例 6-29 运行结果

图 6-45 例 6-29 运行结果

【练习 6-20】 删除触发器 "del_cor"。

6.4 使用 MySQL 系统函数

MySQL 数据库中提供了丰富的系统函数，包括字符串函数、数学函数、日期和时间函数、条件判断函数、系统信息函数和加密函数等。这些函数功能强大、方便易用，满足了用户对数据处理的要求，极大提高了用户对数据库管理的效率。

6.4.1 使用字符串函数

字符串函数用于对字符串型数据进行处理，常用的 MySQL 字符串函数如表 6-1 所示。

表 6-1 常用字符串函数

函数名称	功 能 描 述
LENGTH(str)	计算字符串长度函数，返回字符串的字节长度
CHAR_LENGTH(str)	计算字符串字符数函数，返回字符串包含的字符数
LOWER(str)	小写字母转换函数，将字符串转换为小写字符
UPPER(str)	大写字母转换函数，将字符串转换为大写字符
LEFT(str,n)	左子串函数，返回字符串最左边的 n 个字符
RIGHT(str,n)	右子串函数，返回字符串从右边开始的 n 个字符
LTRIM(str)	删除前导空格函数，返回删除了前导空格之后的字符表达式
RTRIM(str)	删除尾随空格函数，返回删除了尾随空格之后的字符表达式
TRIM(str)	删除空格函数，返回删除了前导和尾随空格之后的字符表达式
CONCAT(str1,str2,...)	合并字符串函数，返回由多个字符串连接后的字符串
REPLACE(str,str1,str2)	替换函数，使用 str2 替换字符串 str 中所有的字符串 str1
SUBSTRING(str,n,len)	获取子串函数，从字符串 str 的起始位置 n 开始，返回一个长度与 len 相同的子字符串
REVERSE(str)	字符串反转函数，返回与原始字符串顺序相反的字符串
INSERT(str1,x,len,str2)	替换字符串函数，将字符串 str1 中 x 位置开始，长度为 len 的字符串用 str2 替换

【例 6-30】 计算字符串 "database" 和 "数据库" 的长度。

具体操作代码为：

```
SELECT LENGTH('database'),CHAR_LENGTH('database'),
LENGTH('数据库'),CHAR_LENGTH('数据库');
```

运行结果如图 6-46 所示。

```
mysql> SELECT LENGTH('database'),CHAR_LENGTH('database'),
    -> LENGTH('数据库'),CHAR_LENGTH('数据库');
+--------------------+-------------------------+------------------+-----------------------+
| LENGTH('database') | CHAR_LENGTH('database') | LENGTH('数据库') | CHAR_LENGTH('数据库') |
+--------------------+-------------------------+------------------+-----------------------+
|                  8 |                       8 |                6 |                     3 |
+--------------------+-------------------------+------------------+-----------------------+
1 row in set (0.00 sec)
```

图 6-46　例 6-30 运行结果

本例中，函数 LENGTH(str)用于计算字符串的字节长度，函数 CHAR_LENGTH(str)用于计算字符串包含的字符数。因为英文字符的个数和所占的字节数相同，所以对于英文字符串，两个函数的计算结果相同。根据 Unicode 编码，一个汉字占 2 个字节，所以对于中文字符串，两个函数的计算结果不同。

【例 6-31】 将字符串"database"和"DATABASE"进行大小写转换。

具体操作代码为：

```
SELECT UPPER('database'),LOWER('DATABASE');
```

运行结果如图 6-47 所示。

```
mysql> SELECT UPPER('database'),LOWER('DATABASE');
+------------------+-------------------+
| UPPER('database') | LOWER('DATABASE') |
+------------------+-------------------+
| DATABASE         | database          |
+------------------+-------------------+
1 row in set (0.01 sec)
```

图 6-47　例 6-31 运行结果

【例 6-32】分别返回字符串"database"最左边的 3 个字符和从右边开始的 4 个字符。

具体操作代码为：

```
SELECT LEFT('database',3),RIGHT('database',4);
```

运行结果如图 6-48 所示。

```
mysql> SELECT LEFT('database',3),RIGHT('database',4);
+--------------------+---------------------+
| LEFT('database',3) | RIGHT('database',4) |
+--------------------+---------------------+
| dat                | base                |
+--------------------+---------------------+
1 row in set (0.00 sec)
```

图 6-48　例 6-32 运行结果

【例 6-33】 去掉字符串" database "中的空格。

具体操作代码为：

```
SELECT TRIM(' database ');
```

运行结果如图 6-49 所示。

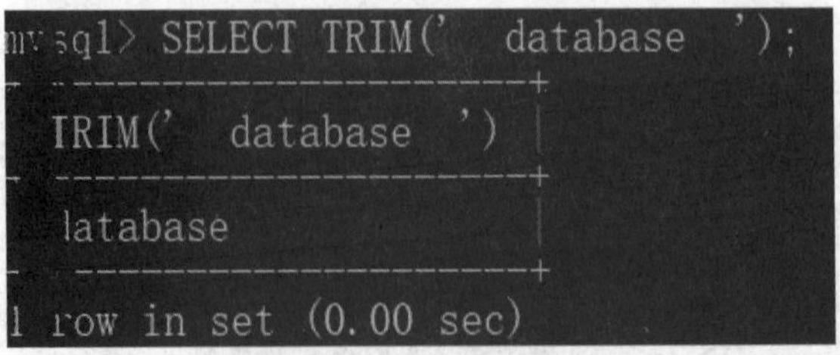

图 6-49   例 6-33 运行结果

【例 6-34】 将字符串"data"和"base"拼接起来。

具体操作代码为：

    SELECT CONCAT('data','base');

运行结果如图 6-50 所示。

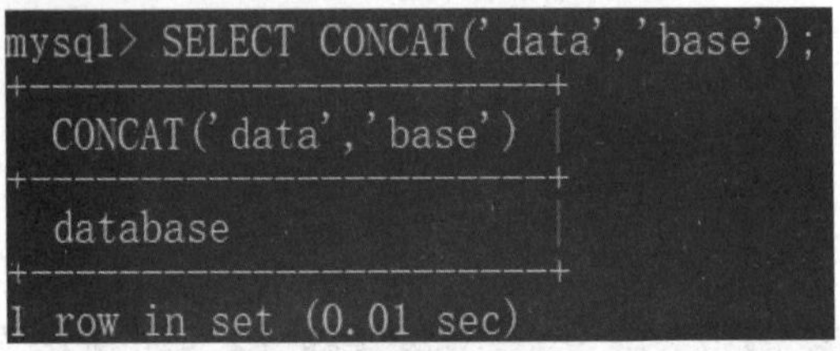

图 6-50   例 6-34 运行结果

【例 6-35】 将字符串"xxx.mysql.com"中的字符"x"替换为"w"。

具体操作代码为：

    SELECT REPLACE('xxx.mysql.com','x','w');

运行结果如图 6-51 所示。

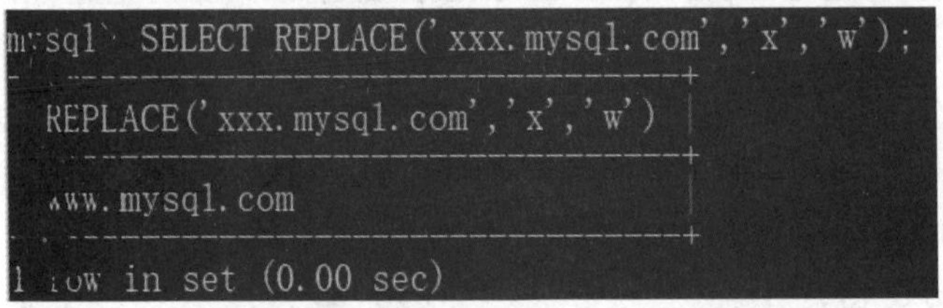

图 6-51   例 6-35 运行结果

【例 6-36】将字符串"www.mysql.com"从第 5 个字符开始，返回长度为 5 的字符串。

具体操作代码为：

    SELECT SUBSTRING('www.mysql.com',5,5);

运行结果如图 6-52 所示。

图 6-52   例 6-36 运行结果

【例 6-37】 实现字符串“database”的顺序反转。

```
SELECT REVERSE('database');
```

运行结果如图 6-53 所示。

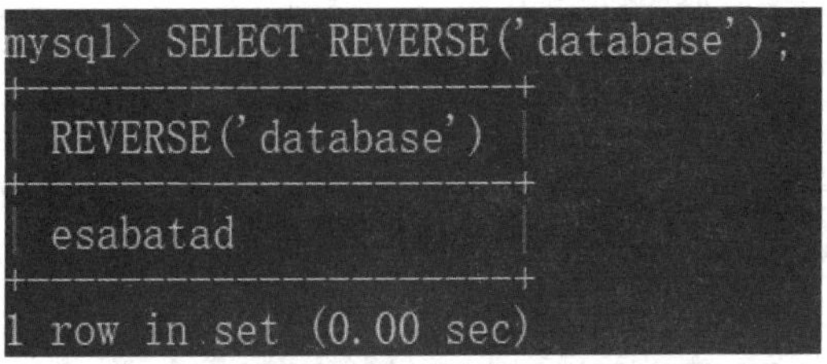

```
mysql> SELECT REVERSE('database');
+--------------------+
| REVERSE('database') |
+--------------------+
| esabatad           |
+--------------------+
1 row in set (0.00 sec)
```

图 6-53　例 6-37 运行结果

【例 6-38】 将字符串“www.mysql.com”从第 5 个字符开始，长度为 5 的字符串替换为“oracle”。

具体操作代码为：

```
SELECT INSERT('www.mysql.com',5,5,'oracle');
```

运行结果如图 6-54 所示。

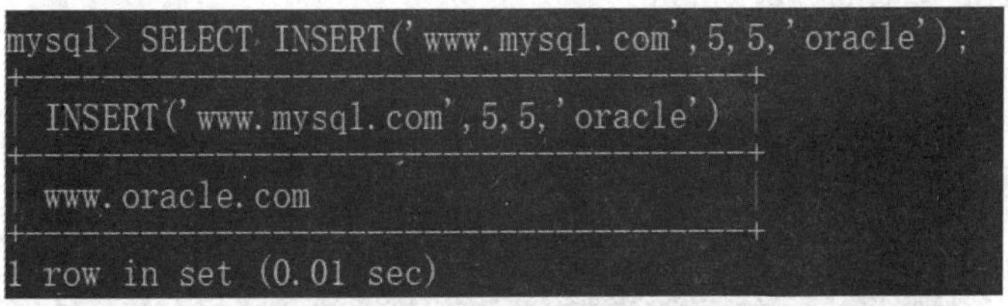

```
mysql> SELECT INSERT('www.mysql.com',5,5,'oracle');
+------------------------------------+
| INSERT('www.mysql.com',5,5,'oracle') |
+------------------------------------+
| www.oracle.com                     |
+------------------------------------+
1 row in set (0.01 sec)
```

图 6-54　例 6-38 运行结果

【练习 6-21】 尝试运行以上各例。

6.4.2　使用数学函数

数学函数用于对数值数据进行处理，常用的 MySQL 数学函数如表 6-2 所示。

表 6-2　常用数学函数

函数名称	功 能 描 述
ABS(x)	返回 x 的绝对值
SQRT(x)	返回非负数 x 的二次方根
MOD(x,y)	返回 x 被 y 除后的余数
CEIL(x)和 CEILING(x)	两个函数功能相同，返回不小于 x 的最小整数，即向上取整
FLOOR(x)	返回不大于 x 的最大整数值，即向下取整
RAND(x)	生成一个 0–1 的随机数。如指定整数 x，则用于产生重复序列
ROUND(x,y)	对参数 x 按 y 的精度进行四舍五入
SIGN(x)	返回参数 x 的符号，正、负和零分别用 1、–1 和 0 进行表示

续表

函数名称	功能描述
POW(x,y)和 POWER(x,y)	两个函数功能相同，返回 x 的 y 次乘方的结果
SIN(x)	返回参数 x 的正弦值
ASIN(x)	返回参数 x 的反正弦值
COS(x)	返回参数 x 的余弦值
ACOS(x)	返回参数 x 的反余弦值
TAN(x)	返回参数 x 的正切值
ATAN(x)	返回参数 x 的反正切值
COT(x)	返回参数 x 的余切值

【例 6-39】 求数字 5、−2.5、0 的绝对值。

具体操作代码为：

    SELECT ABS(5),ABS(-2.5),ABS(0);

运行结果如图 6-55 所示。

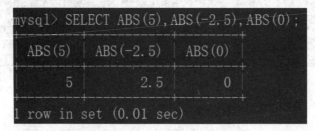

图 6-55　例 6-39 运行结果

【例 6-40】 将数字 24.58 分别四舍五入到小数点后第一位和整数位。

具体操作代码为：

    SELECT ROUND(24.58,1), ROUND(24.58,0);

运行结果如图 6-56 所示。

图 6-56　例 6-40 运行结果

【例 6-41】 分别求 63 被 8 除，16.3 被 3 除后的余数。

具体操作代码为：

    SELECT MOD(63,8),MOD(16.3,3);

运行结果如图 6-57 所示。

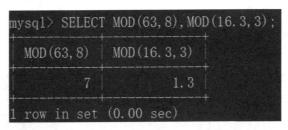

图 6-57　例 6-41 运行结果

【例 6-42】　调用函数 RAND()，产生一个随机数。

具体操作代码为：

SELECT RAND();

运行结果如图 6-58 所示。

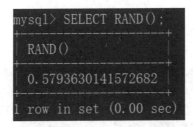

图 6-58　例 6-42 运行结果

【练习 6-22】　尝试运行以上各例。

6.4.3　使用日期和时间函数

日期和时间函数用于对日期时间数据进行处理，常用的 MySQL 日期和时间函数如表 6-3 所示。

表 6-3　常用日期和时间函数

函数名称	功 能 描 述
CURDATE()	返回当前的系统日期
CURTIME()	返回当前的系统时间
NOW()	返回当前的系统日期和时间
YEAR(date)	返回日期 date 的年份
MONTH(date)	返回日期 date 的月份
DAY(date)	返回日期 date 的具体日期
DAYOFYEAR(date)	返回日期 date 是一年中的第几天
DAYOFMONTH(date)	返回日期 date 是一月中的第几天
DAYOFWEEK(date)	返回日期 date 在一周中索引位置值
DATEDIFF(date1,date2)	返回日期 date1 和 date2 之间天数的差值

【例6-43】 返回当前系统的日期和时间。

具体操作代码为：

    SELECT CURDATE(),CURTIME(),NOW();

运行结果如图 6-59 所示。

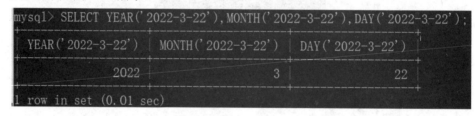

```
mysql> SELECT CURDATE(),CURTIME(),NOW();
+------------+-----------+---------------------+
| CURDATE()  | CURTIME() | NOW()               |
+------------+-----------+---------------------+
| 2022-03-22 | 09:42:03  | 2022-03-22 09:42:03 |
+------------+-----------+---------------------+
1 row in set (0.00 sec)
```

图 6-59　例 6-43 运行结果

【例6-44】 分别返回日期"2022-3-22"的年份、月份和具体日期。

具体操作代码为：

    SELECT YEAR('2022-3-22'),MONTH('2022-3-22'),DAY('2022-3-22');

运行结果如图 6-60 所示。

```
mysql> SELECT YEAR('2022-3-22'),MONTH('2022-3-22'),DAY('2022-3-22');
+-------------------+--------------------+------------------+
| YEAR('2022-3-22') | MONTH('2022-3-22') | DAY('2022-3-22') |
+-------------------+--------------------+------------------+
|              2022 |                  3 |               22 |
+-------------------+--------------------+------------------+
1 row in set (0.01 sec)
```

图 6-60　例 6-44 运行结果

【例6-45】 分别返回日期"2022-3-22"是一年、一月中的第几天，以及在一周中索引位置值。

具体操作代码为：

    SELECT DAYOFYEAR('2022-3-22'),DAYOFMONTH('2022-3-22'),
    DAYOFWEEK('2022-3-22');

运行结果如图 6-61 所示。

```
mysql> SELECT DAYOFYEAR('2022-3-22'),DAYOFMONTH('2022-3-22'),
    -> DAYOFWEEK('2022-3-22');
+-----------------------+------------------------+-----------------------+
| DAYOFYEAR('2022-3-22')| DAYOFMONTH('2022-3-22')| DAYOFWEEK('2022-3-22')|
+-----------------------+------------------------+-----------------------+
|                    81 |                     22 |                     3 |
+-----------------------+------------------------+-----------------------+
1 row in set (0.01 sec)
```

图 6-61　例 6-45 运行结果

本例中，DAYOFWEEK(date)的返回结果，1 代表周日，2 代表周一，以此类推。

【例6-46】 返回日期"2022-3-22"和"2022-1-15"之间的间隔天数。

具体操作代码为：

    SELECT DATEDIFF('2022-3-22','2022-1-15');

运行结果如图 6-62 所示。

图 6-62　例 6-46 运行结果

本例中，DATEDIFF(date1,date2)返回 date1-date2 后的值。

【练习 6-23】 尝试运行以上各例。

6.4.4　使用加密函数

加密函数是 MySQL8.0 的新特性，用于对数据进行加密，以保证重要数据不被人获取，从而保障数据库安全。加密函数如表 6-4 所示。

表 6-4　MySQL 加密函数

函数名称	功能描述
MD5(str)	计算字符串 str 的 MD5 校验和
SHA(str)	计算字符串 str 的 SHA 校验和
SHA2(str,hash_length)	使用 hash_length 作为长度，加密 str。hash_length 支持的值为 224、256、384、512 或 0。0 等同于 256

【例 6-47】 使用 MD5 函数加密字符串"mypwd"。

具体操作代码为：

```
SELECT MD5('mypwd');
```

运行结果如图 6-63 所示。

图 6-63　例 6-47 运行结果

【例 6-48】 使用 SHA 函数加密字符串"mypwd"。

具体操作代码为：

```
SELECT SHA('mypwd');
```

运行结果如图 6-64 所示。

图 6-64　例 6-48 运行结果

【例 6-49】 使用 SHA2 函数加密字符串"mypwd"，hash_length 值为 256。
具体操作代码为：

```
SELECT SHA2('mypwd',256);
```

运行结果如图 6-65 所示。

```
mysql> SELECT SHA2('mypwd',256);
+------------------------------------------------------------------+
| SHA2('mypwd',256)                                                |
+------------------------------------------------------------------+
| 047c88291e9877788365c59346e6918d54529cdceb7daf1e5cd490493a8e2028 |
+------------------------------------------------------------------+
1 row in set (0.01 sec)
```

图 6-65　例 6-49 运行结果

【练习 6-24】 尝试运行以上各例。

第 7 章　了解事务管理

本章重点

(1) 了解事务的有关概念、事务的特征；

(2) 了解故障的种类；

(3) 了解事务恢复的实现技术、事务的恢复策略；

(4) 了解并发控制的有关概念、封锁、封锁协议。

本章难点

(1) 了解事务恢复的实现技术、事务的恢复策略；

(2) 了解封锁、封锁协议。

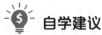

自学建议

按顺序阅读并完成练习。

教学建议

由于本章理论性较强，建议讲清楚理论后，让学生作适当的操练即可。

7.1　了　解　事　务

7.1.1　了解事务的概念与特征

程序在计算机系统中运行时难免会出现故障，数据库系统也是如此。为了消除故障造成的严重后果，保障数据库处于正确的状态，数据库中引入了事务(Transaction)的概念。

为了帮助理解事务，我们先看一个问题。

假设小张有两张银行卡 A 和 B，卡 A 内有 1000 元存款。一天，小张来到银行，打算将卡 A 中的 200 元转账到卡 B 中。当工作人员刚把卡 A 中的金额减少 200 元时，银行突然停电了(这种情况并不多见, 我们假设银行也没有备用电源)。那么, 恢复供电后, 当小张查询卡 A 的金额, 会出现怎样的情况?

答案是肯定的, 还是 1000 元。这是因为卡 B 并没有增加 200 元。但明明工作人员已经将卡 A 减少了 200 元, 为何还有 1000 元呢? 这就是事务技术的神奇之处。

所谓事务, 指的是一个单元的工作。这个单元中可能包括很多工作步骤, 它们要么全做, 要么全不做。数据库中执行的操作都是以事务为单元进行。例如, 小张将卡 A 的钱转到卡 B, 包含两个步骤: 从卡 A 中减少 200 元和将卡 B 增加 200 元, 这就是一个事务。如果只做了第一步, 未做第二步, 则第一步操作也会被撤销。

我们还可以举一些现实生活的例子来帮助理解事务的概念。

(1) 在合同签署仪式上, 工作人员必须让合同的甲方和乙方均签字。当双方签字后, 此合同生效。如果有一方未签字, 则合同无效。可以将合同签署看作一个事务, 包含甲方签字和乙方签字两个步骤。

(2) 在婚礼仪式上, 牧师会分别问新娘和新郎 "愿意此人成为你的配偶吗?", 当他们都宣誓 "我愿意" 时, 牧师宣布他们结婚。如果一方回答 "不愿意", 则不能结婚。可以将宣誓看作一个事务, 包含新郎宣誓和新娘宣誓两个步骤。

这些例子都说明了事务的基本原理: 几个步骤必须都完成, 事务才完成。如果任何一步未完成, 事务就会撤销。

从 SQL 语句的角度看, 在数据库中, 事务包含一条或多条 SQL 语句, 这些语句, 要么全部执行, 要么全部撤销。

事务具有以下四个特征:

1) 原子性

一个事务是一个逻辑工作单位, 是一个不可分割的整体。事务中包含的操作要么都做, 要么都不做。

2) 一致性

事务的执行结果必须使数据库从一个一致性状态变为另一个一致性状态。一致性与原子性密切相关。

例如, 小张将卡 A 的钱转到卡 B, 包含从卡 A 中减少 200 元和将卡 B 增加 200 元两个步骤。这两个步骤要么都执行, 要么都不执行, 数据库都处于一致性状态。如果仅完成其中一步, 就会出错, 使用户损失 200 元, 数据库处于不一致状态。

3) 隔离性

一个事务的执行不能被其他事务干扰。即一个事务内部的操作及使用的数据对其他并发事务是隔离的, 并发执行的各个事务之间互不干扰。

4) 持续性

一个事务成功完成之后, 它对数据库的所有更新都是永久的。

【注意】 事务和程序是两个概念。一般地讲, 一个程序中包含多个事务。

7.1.2　了解 MySQL 事务模式

在 MySQL 中, 事务提交方式有自动提交和手动提交两种。

1. 自动提交

自动提交事务是 MySQL 默认的事务提交方式。每条单独的语句都是一个事务。在与 MySQL 连接后，如不做更改，则采用自动提交模式。

2. 手动提交

用户可以执行以下命令，设置 MySQL 为手动提交事务模式。

```
SET @@autocommit=0;
```

该设置只对当前的 MySQL 命令行窗口有效，打开一个新的窗口时，默认还是自动提交事务模式。

使用 SQL 语句来定义事务，即为显示事务。SQL 定义显示事务的语句有三条：

```
START TRANSACTION
COMMIT
ROLLBACK
```

事务以 START TRANSACTION 开始，以 COMMIT 或 ROLLBACK 结束。

COMMIT 表示提交，当事务所有操作能够正常执行后，提交所有操作，事务执行完成。

ROLLBACK 表示回滚，即在事务运行的过程中发生了某种故障，操作不能继续执行，系统将事务中对数据库所有已完成的操作全部撤销，回滚到事务开始时的状态。

【例 7-1】 假设在 sc 表中，学号为 "210101001" 的学生由于某些原因不选 004 号课程而改选 002 号课程，并且该课程的考试成绩为 80 分。尝试完成以下操作，验证事务的特征。

(1) 首先将当前 MySQL 命令行窗口设置为手动提交事务模式：

```
SET @@autocommit=0;
```

(2) 查看学生初始选课状态：

```
SELECT * FROM sc WHERE stuId='210101001' AND corId='004';
```

运行结果如图 7-1 所示。从图中可知，该生选修了 "004" 号课程，但暂时没有成绩。

图 7-1 查看学生初始选课状态

(3) 将更改课程号和成绩这两个操作定义为一个事务，代码如下：

```
START TRANSACTION;
UPDATE sc
SET corId='002'
WHERE stuId='210101001' AND corId='004';
UPDATE sc
SET score=80
WHERE stuId='210101001' AND corId='002';
COMMIT;
```

代码运行结果如图 7-2 所示。数据修改的结果如图 7-3 所示。

```
mysql> START TRANSACTION;
Query OK, 0 rows affected (0.00 sec)

mysql> UPDATE sc
    -> SET corId='002'
    -> WHERE stuId='210101001' AND corId='004';
Query OK, 1 row affected (0.00 sec)
Rows matched: 1  Changed: 1  Warnings: 0

mysql> UPDATE sc
    -> SET score=80
    -> WHERE stuId='210101001' AND corId='002';
Query OK, 1 row affected (0.00 sec)
Rows matched: 1  Changed: 1  Warnings: 0

mysql> COMMIT;
Query OK, 0 rows affected (0.01 sec)
```

图 7-2　更改课程号和成绩

```
mysql> select * from sc
    -> WHERE stuId='210101001' AND corId='002';
+-----------+-------+-------+---------+
| stuId     | corId | score | strDate |
+-----------+-------+-------+---------+
| 210101001 | 002   |  80.0 | NULL    |
+-----------+-------+-------+---------+
1 row in set (0.00 sec)
```

图 7-3　验证数据被修改

(4) 由于操作人员输入错误，把“80”分误写为“8o”分(为英文字母 o)，导致出错，代码如下：

```
START TRANSACTION;
UPDATE sc
SET corId='002'
WHERE stuId='210101001' AND corId='004';
UPDATE sc
SET score=8o
WHERE stuId='210101001' AND corId='002';
ROLLBACK;
```

运行的结果如图 7-4 所示。

```
mysql> UPDATE sc
    -> SET corId='002'
    -> WHERE stuId='210101001' AND corId='004';
Query OK, 1 row affected (0.01 sec)
Rows matched: 1  Changed: 1  Warnings: 0

mysql> UPDATE sc
    -> SET score=8o
    -> WHERE stuId='210101001' AND corId='002';
ERROR 1054 (42S22): Unknown column '8o' in 'field list'
mysql> ROLLBACK;
Query OK, 0 rows affected (0.00 sec)
```

图 7-4　更改成绩出错

数据修改的结果如图 7-5 所示。从图中可以看到，第一步操作将课程号修改成“002”也没有执行。这正好体现了事务的特性。

```
mysql> SELECT * FROM sc WHERE stuId='210101001' AND corId='004';
+-----------+-------+-------+---------+
| stuId     | corId | score | strDate |
+-----------+-------+-------+---------+
| 210101001 | 004   |  NULL | NULL    |
+-----------+-------+-------+---------+
1 row in set (0.00 sec)

mysql> SELECT * FROM sc WHERE stuId='210101001' AND corId='002';
Empty set (0.00 sec)
```

图 7-5　数据修改的结果

【练习 7-1】　尝试运行以上各例。

7.1.3　了解事务的工作原理

事务确保数据的一致性和可恢复性。在数据库进行故障恢复时，事务具有重要意义。事务的工作原理如图 7-6 所示。

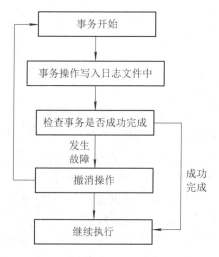

图 7-6　事务的工作原理

事务开始后，事务包含的所有操作都将写到事务日志文件中。这些操作一般有两种：一种是针对数据的操作，如插入、删除和修改，这是典型的事务操作，处理的对象是大量的数据；一种是针对任务的操作，如创建索引，这些任务操作在事务日志中记录一个标志，用于表示执行了这种操作。当事务发生故障需要撤销时，系统自动执行这些操作的逆操作，将数据恢复到事务开始前的状态，保证系统的一致性。

7.1.4　了解数据库系统的故障种类

数据库里可能出现的各种故障包括：事务内部的故障、系统故障和介质故障。

1. 事务内部的故障

事务内部的故障是某些对数据库进行操作的事务违反了系统设定的条件，如输入数据错误、运算溢出等，使事务未能正常完成就终止(例 7-1 中出现的故障就属于这种故障)。

2. 系统故障

系统故障主要是由于数据库服务器在运行过程中，突然发生操作系统错误、停电等原因造成的非正常中断，系统正在执行的事务被突然中断，内存缓冲区中的数据全部丢失，但硬盘、磁带等外设上的数据未受损失(上面分析的银行突然停电就属于这种故障)。

3. 介质故障

介质故障是由于硬件的可靠性较差出现的存储介质发生物理损坏，数据库的数据全部或部分丢失，破坏性较大。

此外，还有计算机病毒等也会对数据库系统构成危害。

总结各类故障对数据库的影响有两种可能性：一是数据库本身被破坏；二是数据库没有破坏，但数据可能不正确，这是因为事务的运行被非正常终止造成的。

7.1.5　了解事务恢复的实现技术

了解了数据库系统的各种故障后，就可以进一步了解针对这些故障的恢复技术。由于本节知识点理论性较强，为了帮助读者更好理解，还是以实例的方式来进行讲解。

以银行转账为例，为了方便讲解，有以下的约定：

(1) 假设该银行的规模很小。

(2) 假设该银行不是联行。

(3) 假设该银行没有 UPS 电源。

这样约定是因为现在的银行系统数据恢复技术远比本书讲解的复杂，而这里只需了解基本的原理。如果读者感兴趣，可以在网上或其他专业书籍里进一步了解详细技术。

假设小张有两张银行卡 A 和 B，卡 A 内有 1000 元存款。一天，小张来到银行，打算将卡 A 中的 200 元转账到卡 B 中。当工作人员刚把卡 A 中的金额减少 200 元时，银行突然停电了。当恢复供电后，小张查询卡 A 的金额，还是 1000 元。

下面我们就根据这个事务来讲一下数据恢复的实现技术。

数据恢复技术的基本原则是建立冗余。这就是说，数据库中任何一部分被破坏的或不正确的数据可以根据存储在别处的冗余数据来重建。建立冗余数据最常用的技术是数据备份和登记日志文件。在数据库系统中，这两种方法通常是一起使用的。

1. 数据备份

数据备份指的是数据库管理员定期地将整个数据库拷贝到磁带或另一个磁盘上保存起来的过程。这些备用的数据文本称为后备副本。

数据备份可以分为静态备份和动态备份。

静态备份是在系统中没有事务执行时进行的备份。备份操作开始时，数据库处于一致性状态，在备份期间不允许对数据库进行任何存取、修改活动。静态转储简单，但转储必须等正运行的事务结束才能进行；同样，新的事务必须等转储结束才能执行。显然，这会降低数据库的可用性。

动态备份是指备份期间允许对数据进行存取或修改，即备份和事务可以并发执行。动态备份可克服静态备份的缺点，它不用等正在运行的用户事务结束，也不会影响新事务的运行。但是，备份结束时后备副本上的数据不能保证正确有效。

备份还可以分为海量备份和增量备份两种方式。

海量备份是指每次备份全部数据库。增量备份则指每次只备份上一次备份后更新过的数据。从恢复角度看，使用海量备份得到的后备副本进行恢复会更方便些。但如果数据库很大，事务处理又十分频繁，增量备份方式则更实用更有效。

2. 登记日志文件

事务日志文件是用来记录事务对数据库的更新操作的文件。数据库系统自动登记日志文件。不同数据库系统采用的事务日志文件格式并不完全相同，概括起来事务日志文件主要有两种格式：以记录为单位和以数据为单位。

对于以记录为单位的事务日志文件，文件中需要登记的内容包括：

(1) 各个事务的开始(SRART TRANSACTION)标记；

(2) 各个事务的结束(COMMIT 或 ROLLBACK)标记；

(3) 各个事务的所有更新操作。

这里每个事务开始的标记、每个事务结束的标记和每个更新操作均作为事务日志文件中的一个日志记录 (log record)。

对于以数据块为单位的事务日志文件，记录的内容包括事务标识和被更新的数据块。由于将更新的整个块和更新后的整个块都放入日志文件中，操作的类型和操作对象等信息就不必放入日志记录中。

为保证数据库是可恢复的，登记事务日志文件时必须遵循两条原则：

(1) 登记的次序严格按并发事务执行的时间次序。

(2) 必须先登记事务日志文件，后修改数据库。

了解了这两种方法后，我们来进一步了解怎样实现基于事务的恢复。

我们先看看银行转账的实现过程，如图 7-7 所示。

图 7-7　银行转账的实现过程

从图中看到，银行的数据库管理员已事先对数据库进行了备份，后备副本存放在备份服务器上。这样，小张的银行卡 A 中的原始存款金额已有备份。当银行工作人员将卡 A 的钱转到卡 B，要执行从卡 A 中减少 200 元和将卡 B 增加 200 元两个步骤。在更改账户数据之前，数据库系统先将操作写入事务日志文件，再来执行数据修改操作。当卡 A 中减少了 200 元时，突然银行停电，卡 B 增加 200 元没有执行。银行恢复供电后，如何恢复数据，保障小张的银行卡 A 还是 1 000 元呢？

此时，数据库采用故障恢复技术，其步骤如下：

(1) 如果银行数据库服务器在停电事故中数据发生损坏，需要首先将备份服务器的数据复制回来，覆盖原来的数据。

(2) 正向扫描事务日志文件(即从头扫描日志文件)，找出故障发生时刻前已提交的事务，均重新执行一次。对于故障发生时刻前已开始执行但尚未结束的事务，将其事务标识记入撤销队列。

(3) 对撤销队列中的事务进行撤销处理(例如将小张卡 A 中的金额重新改为 1 000 元)。经过事务恢复后，小张在该银行账户的余额还是 1 000 元。

7.2　了解并发控制

7.2.1　了解并发控制的概念

并发是数据库技术中一个非常重要的概念，数据库系统往往要考虑怎样解决并发操作带来的数据的不一致性问题。下面我们先看一个例子：

假设住在佛山的小张想乘飞机去上海，同时住在广州的小王也想乘飞机去上海，他们都在同一时间内打电话去各自的售票点订票，下面我们考虑飞机订票系统中的一个活动序列：

① 佛山售票点(佛山事务)读出广州白云机场售票中心某航班的机票余额 A，A=20 张；

② 广州售票点(广州事务)读出广州白云机场售票中心同一航班的机票余额也 A，A=20 张；

③ 佛山售票点卖出一张机票，修改余额 A–1=19，把 A 写回数据库；

④ 同时，广州售票点也卖出一张机票，修改余额 A–1，所以 A 为 19，把 A 写回数据库。如图 7-8 所示。

佛山售票点	广州售票点
读 A=20	
②	读 A=20
③ A←A–1 写回 A=19	
④	A←A–1 写回 A=20

图 7-8　并发问题举例

由上图我们可以看到，明明卖出两张机票，但数据库中机票余额只减少 1。我们把这种情况称为数据库的不一致性。这种不一致性是由两个事务同时执行操作(即并发操作)引起的。由于佛山售票点和广州售票点都同时读取和修改售票中心的数据库，而这种读取和修改是随机调度的，当佛山售票点在读取数据 A(A=20)时，广州售票点又读取数据 A(A=20)，这时两个售票点同时修改 A(A–1)，然后，佛山售票点把 A=19 写回数据库，广州售票点又把 A=19 写回数据库，把佛山售票点所修改的数据覆盖了。导致数据不一致的问题出现。通常我们把这种情况称为丢失修改。

所谓的并发是指多个事务同时存取同一数据的情况。一般来说，并发操作带来的数据不一致性包括三类：丢失修改、不可重复读和读"脏"数据，如图 7-9 所示。

1. 丢失修改(Lost Update)

两个事务 T1 和 T2 同时读入同一数据并修改，T2 提交的结果破坏了 T1 提交的结果，导致 T1 的修改被丢失，如图 7-9(a)所示。上面飞机订票例子就属于此类。

2. 不可重复读(Non-Repeatable Read)

不可重复读是指事务 T1 读数据后，事务 T2 执行更新操作，使 T1 无法再现前一次读取的结果，如图 7-9(b)所示。

3. 读"脏"数据(Dirty Read)

读"脏"数据是指事务 T1 修改某一数据，并将其写回磁盘，事务 T2 读取同一数据后，T1 由于某种原因被撤销，这时 T1 已修改过的数据恢复原值，T2 读到的数据就与数据库中的数据不一致，则 T2 读到的数据就为"脏"数据，即不正确的数据，如图 7-9(c)所示。

T1 事务	T2 事务	T1 事务	T2 事务	T1 事务	T2 事务
读 A=20		读 A=20 读 B=30 求和=50		①读 C=10 C←C*2 写回 C	
②	读 A=20	②	读 B=30 B←B*2 写回 B=60	②	读 C=20
③ A←A-1 写回 A=19				③ROLLBACK C 恢复 10	
④	A←A-1 写回 A=19	③读 A=20 读 B=60 和=80 (验算不对)			
(a) 丢失修改		(b) 不可重复读		(c) 读"脏"数据	

图 7-9　三种数据不一致性

【注意】对数据库的应用有时允许某些不一致性，例如有些统计工作涉及数据量大，读到一些"脏"数据对统计精度没什么影响，这时可以降低对一致性的要求以减少系统开销。

产生上述三类数据不一致性的原因是并发操作破坏了事务的隔离性。并发控制就是要用正确的方式调度并发操作，使一个用户事务的执行不受其他事务的干扰，从而避免造成数据的不一致性。

并发控制的主要技术是封锁(Locking)。下面介绍封锁的基本原理。

7.2.2　了解封锁的基本原理

当两个事务同时对某个对象发出请求时，最好的方法就是任何时候只让一个事务对该对象进行操作，另外一个事务只能等待而不能对该对象进行操作，只有当正在操作的事务操作完才让另外一事务对该对象进行操作。这样就不会出现数据不一致性问题，这就是封锁的基本思想。

封锁是实现并发控制的一个非常重要的技术。所谓封锁就是事务 T 在对某个数据对象例如表、记录等操作之前，先向系统发出请求，对其加锁；加锁后事务 T 就对该数据对象有了一定的控制，在事务 T 释放它的锁之前，其他的事务不能更新此数据对象。

一般来说，确切的控制由封锁的类型决定。基本的封锁类型有两种：排它锁(Exclusive Locks，简称 X 锁)和共享锁(Share Locks，简称 S 锁)。

排它锁又称为写锁。若事务 T 对数据对象 A 加上 X 锁，则只允许 T 读取和修改 A，其他任何事务不能对 A 加任何类型的锁，直到 T 释放 A 上的锁。这就保证了其他事务在 T 释放 A 上的锁之前不能再读取和修改 A。

共享锁又称为读锁。若事务 T 对数据对象 A 加上 S 锁，则事务 T 可以读 A 但不能修改 A，其他事务只能再对 A 加 S 锁，而不能加 X 锁，直到 T 释放 A 上的 S 锁。这就保证了其他事务可以读 A，但在 T 释放 A 上的 S 锁之前不能对 A 做任何修改。

7.2.3　了解封锁技术

使用封锁技术能解决因并发操作引发的问题，为并发操作的正确调度提供一定的保证。下面举一个简单的例子来说明封锁技术的实现过程。

针对飞机订票活动所出现的问题，采用封锁技术来解决丢失修改。

封锁技术要求每个事务在修改某对象时都必须先对该数据封锁。如图 7-10 所示，佛山售票点在读取和修改 A 之前先对 A 加 X 锁；当广州售票点因为要读取和修改 A 而请求加锁时被拒绝，广州售票点只能等待；等到佛山售票点释放 A 上的锁后，广州售票点才获得对 A 的 X 锁，这时它读到的 A 已经是佛山售票点更新过的值 19，再按此新的 A 值进行运算 A−1=18，并将结果值 A=18 送回到磁盘。这样就避免了丢失佛山售票点的更新。

佛山售票点	广州售票点
① 获得 A，并 Xlock A	
② 读 A=20	
	申请 Xlock A
③ A←A−1	等待
写回 A=19	等待
提交	等待
Unlock A	等待
④	获得 Xlock A
	读 A=19
	A←A−1
⑤	写回 A=18
	提交
	Unlock A

图 7-10　用封锁技术解决并发操作中丢失修改的示例

我们知道，对并发操作的不正确调度可能会带来丢失修改、不可复读和读"脏"数据等不一致性问题，本例只是简单地介绍了使用封锁技术解决丢失修改的过程，目的是让读者了解封锁的基本原理。对于解决不可复读和读"脏"这两种情况的技术则更为复杂，所以有人根据这几种数据不一致类型提出了不同的解决方法，把它们称为：三级封锁协议，读者可自行查看相关文档。

封锁一般情况下是由系统自动完成的，用户不需干扰。

【练习 7-2】并发操作可能会产生哪几类数据不一致？用什么方法能避免各种不一致的情况？(第二个问题建议查看相关文档解决)

第8章　管理用户和权限

本章重点

(1) 掌握用户账户的创建和管理方法；
(2) 了解权限的类型；
(3) 掌握授予和撤销权限的方法。

本章难点

根据应用需要，为用户账户合理进行授权。

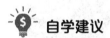

自学建议

按顺序阅读并完成练习。

教学建议

建议根据本章的结构，采用案例教学，按照：语法→实例→练习的顺序进行讲解。

8.1　管理用户账户

8.1.1　添加用户账户

　　MySQL 是一个多用户数据库系统，用户包括普通用户和 root 用户两类。root 用户是超级管理员，拥有在 MySQL 中执行所有操作的权限。普通用户想要执行某些操作，必须事先经过授权。本节首先介绍如何添加普通用户账户。若要执行添加普通用户的操作，操作者必须具有相应的权限。

　　可以使用 CREATE USER 命令添加普通用户，语法格式如下：

　　　　CREATE USER 'username'@'localhost' IDENTIFIED BY 'password';

其中，username 表示添加的用户账户名；localhost 表示主机名；IDENTIFIED BY 表示设

置用户的密码；password 表示用户账户的初始密码，可以没有密码。可以在一条 CREATE
USER 命令中添加多个用户账户，账户间用逗号隔开。

成功添加用户账户后，该账户信息会保存在 MySQL 数据库的 user 表里面。新添加的
用户账户没有任何操作权限，需要对其进行授权。

【例 8-1】 在 localhost 上创建两个 MySQL 用户账户 Jack 和 Lucy，密码分别为
"password1"和"password2"。

　　　CREATE USER 'Jack'@'localhost' IDENTIFIED BY 'password1','Lucy'@'localhost'

　　　IDENTIFIED BY 'password2';

运行结果如图 8-1 所示。

```
mysql> CREATE USER 'Jack'@'localhost' IDENTIFIED BY 'password1','Lucy'@'localhost' IDENTIFIED BY 'password2';
Query OK, 0 rows affected (0.09 sec)
```

图 8-1　创建用户账户

用户账户创建成功后，可在 MySQL 数据库的 user 表里查询账户的相关信息。查询语
句如下：

　　　SELECT host,user,authentication_string FROM mysql.user;

运行结果如图 8-2 所示，图中，authentication_string 表示用户密码，该密码已经过 MD5
加密。

```
mysql> SELECT host,user,authentication_string FROM mysql.user;
+-----------+------------------+-------------------------------------------+
| host      | user             | authentication_string                     |
+-----------+------------------+-------------------------------------------+
| localhost | Jack             | *668425423DB5193AF921380129F465A6425216D0 |
| localhost | Lucy             | *DC52755F3C09F5923046BD42AFA76BD1D80DF2E9 |
| localhost | mysql.infoschema | $A$005$THISISACOMBINATIONOFINVALIDSALTANDPASSWORDTHATMUSTNEVERBRBEUSED |
| localhost | mysql.session    | $A$005$THISISACOMBINATIONOFINVALIDSALTANDPASSWORDTHATMUSTNEVERBRBEUSED |
| localhost | mysql.sys        | $A$005$THISISACOMBINATIONOFINVALIDSALTANDPASSWORDTHATMUSTNEVERBRBEUSED |
| localhost | root             | *A92F928828D8F449A05193EBA43191E19BFD212A |
+-----------+------------------+-------------------------------------------+
6 rows in set (0.00 sec)
```

图 8-2　查询用户账户相关信息

【练习 8-1】 尝试实现例 8-1，创建用户账户。

8.1.2　删除用户账户

MySQL 中，有的用户账户如果极少使用，为保障数据库的安全，应将这些账户删除。
可以使用 DROP USER 命令删除普通用户，语法格式如下：

　　　DROP USER 'username'@'localhost' ;

其中，username 表示删除的用户账户名；localhost 表示主机名。可以在一条 DROP USER
命令中删除多个用户账户，账户间用逗号隔开。

【例 8-2】 将例 8-1 中创建的用户账户 Jack 和 Lucy 删除掉。

具体操作代码为：

　　　DROP USER 'Jack'@'localhost', 'Lucy'@'localhost';

命令运行结果如图 8-3 所示。

```
mysql> DROP USER 'Jack'@'localhost', 'Lucy'@'localhost';
Query OK, 0 rows affected (0.03 sec)
```

图 8-3　删除用户账户

【练习 8-2】 尝试实现例 8-2，删除用户账户。

8.1.3 修改用户账户名和密码

对于已经存在于 MySQL 中的用户账户，可以根据需要对其进行重命名和修改密码。
MySQL 使用 RENAME USER 命令实现对用户账户重命名，其语法格式如下：

```
RENAME USER 'old_user'@'localhost' TO 'new_user'@'localhost';
```

【例 8-3】 创建一个用户账户 user1，再使用 RENAME USER 命令将其重命名为 Tom。
首先创建用户账户 user1，操作代码为：

```
CREATE USER 'user1'@'localhost' IDENTIFIED BY 'password1';
```

然后将其重命名，操作代码为：

```
RENAME USER 'user1'@'localhost' TO 'Tom'@'localhost';
```

命令运行结果如图 8-4 所示。

图 8-4 重命名用户账户

在 MySQL 数据库的 user 表里查询用户账户的相关信息，结果如图 8-5 所示，从图中
可知，用户账户名已被修改。

图 8-5 查询用户账户相关信息

MySQL 中，root 账户可以修改自身和其他账户的登录密码，普通用户只可以修改自
身的登录密码。MySQL 使用 SET PASSWORD 命令实现修改用户账户的密码，其语法格
式如下：

```
SET PASSWORD [FOR 'username'@'localhost']='newpassword';
```

其中，如果是对当前登录用户的密码进行修改，则 FOR 'username'@'localhost'可以省略；
如果是对特定的用户账户进行密码修改，则 FOR 'username'@'localhost'不能省略。

【例 8-4】 使用 SET PASSWORD 命令将用户账户 Tom 的登录密码修改为 abc123。
具体操作代码为：

```
SET PASSWORD for Tom@localhost = 'abc123';
```

运行结果如图 8-6 所示。

图 8-6 修改用户账户的密码

【**练习 8-3**】 尝试实现例 8-3 和例 8-4。

8.2 管 理 权 限

一个用户对某类数据具有何种操作权力是个政策问题，而非技术问题。在 Windows 操作系统中，只有验证过的用户才有权限使用系统，在数据库中也是一样，只有管理员给予权限的用户才有权访问数据库。合理的权限设置可以保障数据库的安全。本节介绍在 MySQL 中如何给用户授权以及如何收回用户的权限。

8.2.1 权限的类型

MySQL 中有多种类型的权限，它们存储在 MySQL 的权限表中。其中，最重要的权限表是 user 表，它存储着所有连接到数据库服务器的账号及其相关联的信息，具有全局级的权限。当 MySQL 启动时，服务器会将 MySQL 中的权限信息读入内存。表 8-1 列出了 MySQL 包含的权限列表。

表 8-1　MySQL 权限列表

权　限	权限级别	权限说明
CREATE	数据库、表或索引	创建数据库、表或索引权限
DROP	数据库或表	删除数据库或表权限
GRANT OPTION	数据库、表或保存的程序	赋予权限选项
REFERENCES	数据库或表	
ALTER	表	更改表，比如添加字段、索引等
DELETE	表	删除数据权限
INDEX	表	索引权限
INSERT	表	插入权限
SELECT	表	查询权限
UPDATE	表	更新权限
CREATE VIEW	视图	创建视图权限
SHOW VIEW	视图	查看视图权限
ALTER ROUTINE	存储过程	更改存储过程权限
CREATE ROUTINE	存储过程	创建存储过程权限
EXECUTE	存储过程	执行存储过程权限
FILE	服务器主机上的文件访问	文件访问权限
CREATE TEMPORARY TABLES	服务器管理	创建临时表权限
LOCK TABLES	服务器管理	锁表权限
CREATE USER	服务器管理	创建用户权限

续表

权　限	权限级别	权限说明
PROCESS	服务器管理	查看进程权限
RELOAD	服务器管理	执行 flush-hosts、flush-logs 等命令的权限
REPLICATION CLIENT	服务器管理	复制权限
REPLICATION SLAVE	服务器管理	复制权限
SHOW DATABASES	服务器管理	查看数据库权限
SHUTDOWN	服务器管理	关闭数据库权限
SUPER	服务器管理	执行 kill 线程权限

MySQL 的权限分布如表 8-2 所示，该表列出了 MySQL 中可设置的表权限、列权限和过程权限。

表 8-2　MySQL 的权限分布

权限分布	可能的设置的权限
表权限	SELECT、INSERT、UPDATE、DELETE、CREATE、DROP、GRANT、REFERENCE、INDEX、ALTER
列权限	SELECT、INSERT、UPDATE、REFERENCE
过程权限	EXECUTE、ALTER ROUTINE、GRANT

8.2.2　授予权限

新创建的用户账户没有任何操作数据库的权限，需要数据库管理员对这些账户进行授权，用户才能利用这些权限对数据库进行操作。MYSQL 使用 GRANT 命令为用户账户进行授权，具有执行 GRANT 命令权限的用户可以完成授权操作。GRANT 命令授予某个用户账户具有对指定数据库或数据表某一种或某一组操作的权限。GRANT 命令的语法格式为：

```
GRANT privileges ON databasename.tablename TO 'username'@'localhost'
[WITH GRANT OPTION];
```

其中，privileges 是权限名称，不同的对象权限不同；databasename.tablename 指明权限操作的对象；'username'@'localhost'是被授予权限的用户账户；WITH GRANT OPTION 选项可选，表示被授予权限的用户还可以将该权限授予给其他用户。

【例 8-5】将查询 student 数据库 students 表的权限授予给上节创建的用户 Tom，并允许该用户将权限授予其他用户。

具体操作代码为：

```
GRANT SELECT ON student. students TO 'Tom'@'localhost'
WITH GRANT OPTION;
```

命令运行结果如图 8-7 所示。

图 8-7　为用户 Tom 授权 1

【例 8-6】 将修改 student 数据库 students 表的 stuName、class 列的权限授予上节创建的用户 Tom。

具体操作代码为：

```
GRANT UPDATE(stuName,class) ON student. students TO 'Tom'@'localhost';
```

命令运行结果如图 8-8 所示。

图 8-8　为用户 Tom 授权 2

【例 8-7】 将查询 student 数据库所有表的权限授予上节创建的用户 Tom。

具体操作代码为：

```
GRANT SELECT ON student.* TO 'Tom'@'localhost';
```

命令运行结果如图 8-9 所示。

图 8-9　为用户 Tom 授权 3

【例 8-8】 将操作 student 数据库所有表的权限授予上节创建的用户 Tom。

具体操作代码为：

```
GRANT ALL ON student.* TO 'Tom'@'localhost';
```

命令运行结果如图 8-10 所示。

图 8-10　为用户 Tom 授权 4

完成用户账户的授权后，可以使用 SHOW GRANTS 语句查询该用户的权限信息。SHOW GRANTS 语句的语法格式为：

```
SHOW GRANTS FOR 'username'@'localhost';
```

【例 8-9】 查看用户 Tom 所具有的权限。

具体操作代码为：

```
SHOW GRANTS FOR 'Tom'@'localhost';
```

命令运行结果如图 8-11 所示。

图 8-11　查看用户 Tom 的权限

【练习 8-4】　尝试执行以上各例，完成对用户 Tom 的授权。

8.2.3　撤销授予权限

我们可以授予用户权限，同样也可以收回该用户的权限。回收权限使用 REVOKE 语句，其语法格式为：

　　　REVOKE privileges ON databasename.tablename FROM 'username'@'localhost';

其中，privileges 是权限名称，不同的对象权限不同；databasename.tablename 指明权限操作的对象；'username'@'localhost'是被授予权限的用户账户。

【例 8-10】　将用户 Tom 对 student 数据库所有表的操作权限回收。

　　　REVOKE ALL ON student.* FROM 'Tom'@'localhost';

命令运行结果如图 8-12 所示。

```
mysql> REVOKE ALL ON student.* FROM 'Tom'@'localhost';
Query OK, 0 rows affected (0.01 sec)
```

图 8-12　回收用户 Tom 的权限

关于数据库的权限控制，总结来说应遵循以下原则：

(1) 用户只被授予能满足其需要的最小权限。如果用户只需要查询数据，授予用户 SELECT 权限即可，不需要授予 UPDATE、INSERT 或者 DELETE 等权限。

(2) 创建用户时，限制用户的登录主机，一般是限制成指定 IP 或者内网 IP 段。

(3) 初始化数据库时，删除没有密码的用户。安装数据库时，系统会自动创建一些用户账户，默认没有密码。

(4) 用户需设置满足密码复杂度的密码。

(5) 定期清理系统中不需要的用户账户，回收其权限或者直接将其删除。

【练习 8-5】　尝试运行上例，回收用户 Tom 的权限。

第9章　备份和恢复数据库

本章重点

(1) 理解备份和恢复的概念；

(2) 掌握执行数据库备份和恢复的方法。

本章难点

(1) 根据应用需要，为数据库进行恰当的备份；

(2) 数据库发生故障时能恰当完成恢复操作。

自学建议

按顺序阅读并完成练习。

教学建议

建议根据本章的结构，采用案例教学，按照：语法→实例→练习的顺序进行讲解。

9.1　理解备份和恢复的概念

　　计算机技术的快速发展使得软硬件的稳定性得到极大提升，但仍然不能保证软硬件系统不发生任何故障。如果数据库系统一旦发生故障(例如，存储数据的磁盘损坏、用户执行了错误的操作导致数据被删除、发生火灾水灾等灾害造成服务器损坏)，系统中所保存数据的完整性和正确性就会受到影响，从而造成严重的损失。如果在故障发生之前，数据库管理员已执行了合适的备份操作，则可以有效地降低损失。

　　数据库备份，是指在数据库正常运行期间，对数据库的结构、对象和数据进行复制并保存在安全可靠的位置。对整个数据库进行备份，称为完整数据库备份。完整数据库备份耗时较长，并且需要占用大量的存储空间。只备份上一次执行完整数据库备份后更新过的数据，称为差异备份。差异备份耗时比完整数据库备份短，所占用的存储空间也较小。

数据库一旦发生故障，管理员可提取在故障发生点之前执行的备份，并采取相应的措施对数据进行还原，从而将数据库恢复到故障发生之前的正常状态，即为数据库恢复。发生故障时，使用完整数据库备份对数据库进行恢复操作较为简单，只需将备份还原即可。执行差异备份进行恢复时，应首先执行完整数据库备份的恢复，再执行最近一次差异备份的恢复，即可将数据库恢复到最近一次执行差异备份时的状态。

　　备份与恢复是数据库日常管理中最重要的工作之一。根据应用系统对数据完整性和正确性要求的高低，数据库管理员要制定一套合适的备份策略，从而降低故障损失，保证系统正常运行。对数据库执行备份操作时并不影响其他用户使用数据库，但系统的响应速度可能会降低，通常应选择在用户较少操作时(如下班后)执行备份。

9.2　执行数据库备份

9.2.1　使用 MySQLdump 命令执行备份

　　MySQLdump 是 MySQL 提供的一个数据库备份工具，它可以将数据库备份成一个文本文件，该文件中包含多个 CREATE 和 INSERT 语句，使用这些语句可以重新创建数据表和插入数据。

　　使用 MySQLdump 命令执行数据库备份的语句基本语法为：

```
mysqldump -u user -h host -ppassword dbname [tbname,[tbname...]] > filename.sql
```

其中，user 表示执行备份操作的用户名；host 表示 MySQL 服务器的主机名；password 为登录密码；dbname 为要备份的数据库名称；tbname 为要备份的 dbname 数据库中的表名，可以指定多个表；符号"＞"后面的 filename.sql 为备份文件的名称。

1. 备份单个数据库中的所有表

【例 9-1】　使用 MySQLdump 命令备份 student 数据库中的所有表。

具体操作代码为：

```
mysqldump -u root -p student > d:/backup/student_20220301.sql
```

命令运行结果如图 9-1 所示。

```
C:\Users\lijun>mysqldump -u root -p student > d:/backup/student_20220301.sql
Enter password: ********
```

图 9-1　备份单个数据库中的所有表

　　本例中，使用 MySQLdump 命令将 student 数据库中的所有表备份到 D 盘 backup 文件夹中，用户首先要保证 D 盘 backup 文件夹存在，否则系统会报错。

2. 备份单个数据库中的某些表

【例 9-2】　使用 MySQLdump 命令备份 student 数据库中的 students 表。

具体操作代码为：

```
mysqldump -u root -p student students > d:/backup/student_20220302.sql
```

命令运行结果如图 9-2 所示。

```
C:\Users\lijun>mysqldump -u root -p student students > d:/backup/student_20220302.sql
Enter password: ********
```

图 9-2　备份单个数据库中的某些表

本例中，使用 MySQLdump 命令将 student 数据库中的 students 表备份到 D 盘 backup 文件夹中。

3. 备份多个数据库

【例 9-3】 使用 MySQLdump 命令备份 student 数据库和 world 数据库。

具体操作代码为：

```
mysqldump -u root -p --databases student world > d:/backup/student_20220303.sql
```

运行结果如图 9-3 所示。

```
C:\Users\lijun>mysqldump -u root -p --databases student world > d:/backup/student_20220303.sql
Enter password: ********
```

图 9-3　备份多个数据库

本例中，使用 MySQLdump 命令备份多个数据库时，需要在命令中加上--databases 参数，该参数之后列出需要备份的数据库名称，用空格隔开。

【练习 9-1】 尝试完成以上案例，执行数据库备份。

9.2.2 使用图形工具执行备份

除了使用 MySQL dump 命令外，还可以使用 MySQL 图形化工具 Navicat 来执行数据库备份。

【例 9-4】 使用 Navicat 工具备份 student 数据库。

操作步骤如下：

(1) 打开 Navicat，连接 MySQL 服务器。

(2) 展开 student 数据库，单击备份，打开备份界面，如图 9-4 所示。

图 9-4　打开备份界面

(3) 点击"新建备份"按钮，打开"新建备份"对话框。切换到"对象选择"选项卡，选择需要备份的内容。可以备份数据库运行期间的全部表、视图、函数或事件，也可以备份指定的部分。如图 9-5 所示。

图 9-5　"新建备份"对话框"对象选择"选项卡

(4) 切换到"高级"选项卡，可以给备份文件指定文件名，如不指定，则使用当前系统日期和时间为备份文件命名。如图 9-6 所示。

图 9-6 "新建备份"对话框"高级"选项卡

(5) 单击"备份"按钮，开始执行备份。备份完成后，单击"关闭"按钮。如图 9-7 所示。

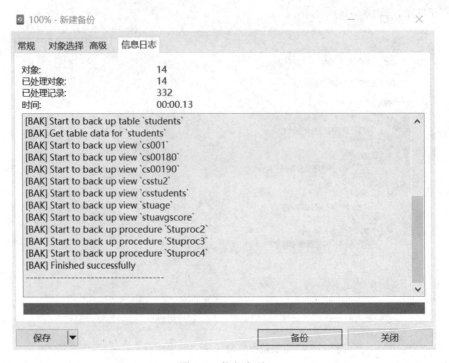

图 9-7　执行备份

(6) 此时，可在备份界面中看到建好的备份文件，如图 9-8 所示。选中该文件，单击鼠标右键，在弹出菜单中选择"在文件夹中显示"命令，可在磁盘文件系统中查看该备份文件。

图 9-8　查看备份文件

【练习 9-2】　尝试使用 Navicat 工具备份 student 数据库。

9.3　执行数据库恢复

9.3.1　使用 MySQL 命令恢复数据

当数据库发生问题时，用户可以找到之前的备份文件，使用 MySQL 命令执行备份文件中的 CREATE、INSERT 语句，将数据库恢复到正常状态。使用 MySQL 命令恢复数据的语法如下：

```
mysql -u user -p [dbname] < filename.sql
```

其中，user 是执行恢复操作的用户名；-p 表示输入该用户的密码；dbname 表示要执行恢复的数据库名。

【例 9-5】　使用 MySQL 命令从例 9-1 的备份文件中恢复数据库 student。

首先登录 MySQL 服务器，尝试将 student 数据库中的数据表 sc 进行删除，模拟数据库故障。如图 9-9 所示。尝试查询 sc 表，结果如图 9-10 所示。

```
mysql> drop table sc;
Query OK, 0 rows affected (0.28 sec)
```

图 9-9　删除 sc 表

```
mysql> select * from sc;
ERROR 1146 (42S02): Table 'student.sc' doesn't exist
```

图 9-10　查询 sc 表

退出登录 MySQL 服务器，执行数据恢复命令：

```
mysql -u root -p student <d:/backup/student_20220301.sql
```

运行结果如图 9-11 所示。

```
C:\Users\lijun>mysql -u root -p student <d:/backup/student_20220301.sql
Enter password: ********
```

图 9-11　执行数据恢复

再次登录 MySQL 服务器，查询 sc 表是否已被恢复，如图 9-12 所示。

```
mysql> use student;
Database changed
mysql> select * from sc;
+-----------+-------+-------+------------+
| stuId     | corId | score | strDate    |
+-----------+-------+-------+------------+
| 210101001 | 004   | NULL  | NULL       |
| 210101003 | 001   | 80.0  | 2021-09-01 |
| 210101003 | 002   | 70.0  | 2021-05-06 |
| 210101003 | 003   | 95.0  | 2021-05-06 |
| 210101003 | 005   | 60.0  | 2021-09-01 |
| 210101004 | 006   | 80.0  | 2021-09-01 |
| 210101004 | 007   | 60.0  | 2021-02-12 |
| 210101004 | 008   | 95.0  | 2021-09-01 |
| 210101005 | 009   | 60.0  | 2021-05-06 |
```

图 9-12　sc 表已被恢复

登录 MySQL 服务器，还可以使用 source 命令导入备份文件，恢复数据库。source 命令的语法如下：

```
source filename
```

【例 9-6】　使用 root 用户登录 MySQL 服务器，使用 source 命令从例 9-1 的备份文件中恢复数据库 student。

具体操作代码为：

```
source d:/backup/student_20220301.sql
```

命令执行结果如图 9-13 所示。

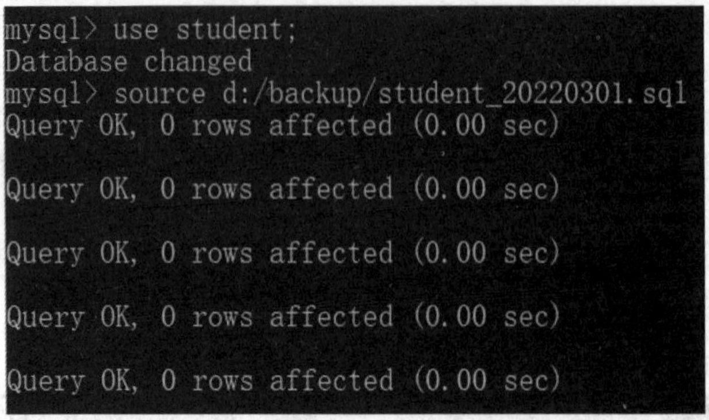

图 9-13　使用 source 命令恢复数据库

需要注意，执行 source 命令之前，必须使用 use 语句选择要执行恢复的数据库，否则命令执行时系统会报错。

【练习 9-3】　尝试使用 MySQL 命令恢复数据库 student。

【练习 9-4】　尝试使用 source 命令恢复数据库 student。

9.3.2　使用图形工具备份恢复数据

还可以使用 MySQL 图形化工具 Navicat 来执行数据库恢复。

【例 9-7】　使用 Navicat 工具恢复 student 数据库。

操作步骤如下：

(1) 打开 Navicat，连接 MySQL 服务器。

(2) 展开 student 数据库，单击备份，打开备份界面，如图 9-14 所示。

图 9-14　打开备份界面

(3) 选中之前做好的备份文件，点击"还原备份"按钮，打开还原备份窗口，如图 9-15 所示。

图 9-15　还原备份窗口

(4) 在还原备份窗口中切换到"对象选择"选项卡，可以选择需要还原的数据库对象，如图 9-16 所示。切换到"高级"选项卡，可以设置服务器和数据库对象的选项，如图 9-17 所示。

图 9-16　还原对象选项卡

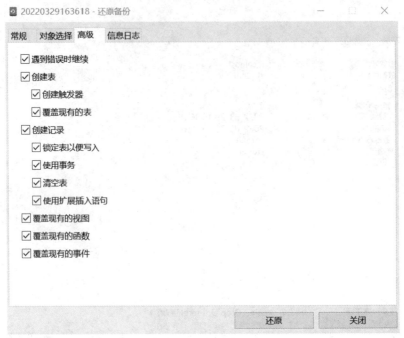

图 9-17　高级选项卡

（5）设置完成后，单击"还原"按钮，执行数据库恢复，如图 9-18 所示。执行完成后，点击"关闭"按钮，完成操作。

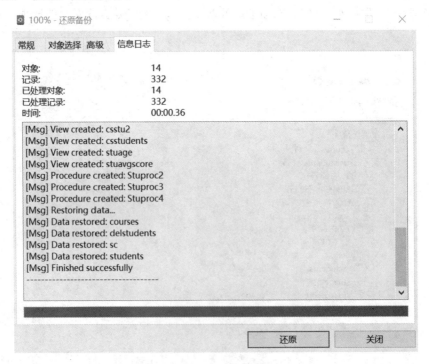

图 9-18　执行数据库恢复

【练习 9-5】　尝试使用 Navicat 工具恢复 student 数据库。

9.4　导入与导出数据

MySQL 数据库中的数据可以导出到外部存储文件中，如 SQL 文本文件、XML 文件、TXT 文件、XLS 文件和 HTML 文件，也可以从这些文件中将数据导入回 MySQL 数据库。本节介绍使用图形化工具 Navicat 来执行数据的导入与导出。

【例 9-8】　使用 Navicat 工具将 student 数据库中的 students 表导出到文本文件中。

操作步骤如下：

(1) 打开 Navicat，连接 MySQL 服务器。

(2) 展开 student 数据库，选中 students 表，单击鼠标右键，在弹出菜单中选择"导出向导"命令，如图 9-19 所示，打开数据导出向导。

图 9-19　打开导出向导

(3) 在"导出向导"窗口中首先选择数据导出格式为"文本文件"，如图 9-20 所示，单击"下一步"按钮。

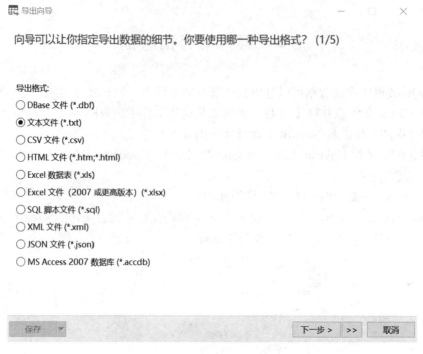

图 9-20　选择导出文件格式

(4) 选择需要导出的数据表以及导出文件的存放路径，如图 9-21 所示，单击"下一步"按钮。

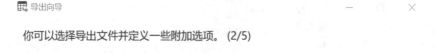

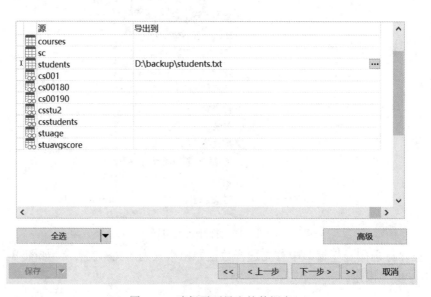

图 9-21　选择需要导出的数据表

(5) 选择需要导出的列，如图 9-22 所示，单击"下一步"按钮。

图 9-22 选择需要导出的列

(6) 定义一些附加选项，如图 9-23 所示，单击"下一步"按钮。

图 9-23 定义附加选项

(7) 点击“开始”按钮，执行导出操作，完成后点击“关闭”按钮，如图 9-24 所示。

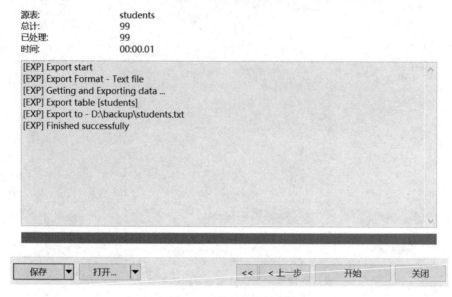

图 9-24　执行导出操作

(8) 找到导出文件存放的路径，打开该文本文件，可见 students 表的数据已被导出。如图 9-25 所示。

students.txt - 记事本
文件(F) 编辑(E) 格式(O) 查看(V) 帮助(H)

stuId	stuName	class	sex	birth	telNo	Email	comment
210101001	张永立	软件技术	男	1/3/2003	22328917	zwl@126.com	
210101003	王小敏	软件技术	女	30/5/2003	22324912	wangming@21cn.com	
210101004	赵诚岚	软件技术	女	3/12/2003	22324912	wxm30@126.com	
210101005	张学成	软件技术	男	25/1/2004	25661120	zxc@126.com	
210101006	李明丽	软件技术	女	16/8/2003	22324912	lm23@126.com	
210101007	李静静	软件技术	女	25/7/2003	22324912	lm24@126.com	转校生
210101008	李明	软件技术	男	10/1/2004	22324596	lm25@126.com	
210101009	李晓霞	软件技术	女	30/4/2003	22324912	lm22@126.com	
210101010	李小红	软件技术	男	10/1/2004	22324596	lxh28@126.com	转校生
210101011	李小路	软件技术	女	25/7/2003	22324912	lxl29@126.com	
210101012	黄小碟	软件技术	男	3/12/2003	22324596	hxd@126.com	

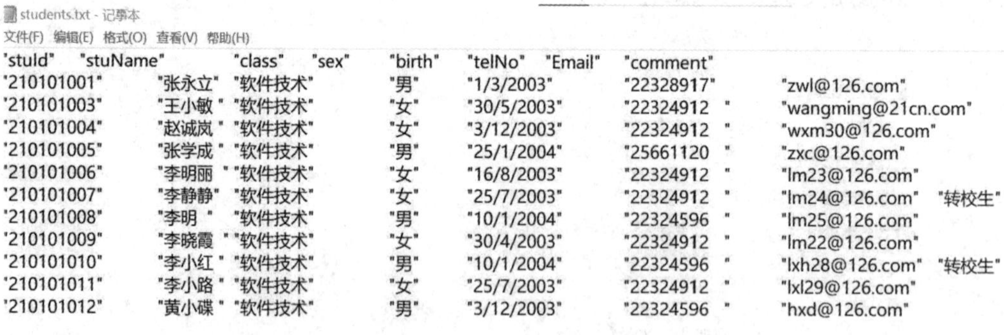

图 9-25　导出文件内容

【例 9-9】 使用 Navicat 工具将上例的文本文件导入到 student 数据库中的 students 表中。

当 students 表中的数据发生问题时，可以使用之前导出的文本文件将数据重新导入回去。操作步骤如下：

(1) 打开 Navicat，连接 MySQL 服务器。

(2) 展开 student 数据库，选中表，单击鼠标右键，在弹出菜单中选择“导入向导”命令，打开导入向导，如图 9-26 所示。

图 9-26　打开导入向导

(3) 选择从"文本文件"中导入数据,单击"下一步"按钮,如图 9-27 所示。

图 9-27　选择导入文件格式

(4) 选择待导入的文本文件,单击"下一步"按钮,如图 9-28 所示。

图 9-28　选择待导入的文本文件

(5) 选择字段的分隔符，单击"下一步"按钮，如图 9-29 所示。

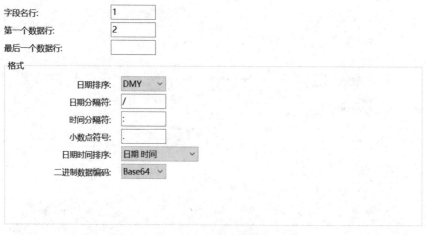

图 9-29　选择字段的分隔符

(6) 定义一些附加选项，单击"下一步"按钮，如图 9-30 所示。

图 9-30　定义一些附加选项

(7) 选择目标表，单击"下一步"按钮，如图 9-31 所示。

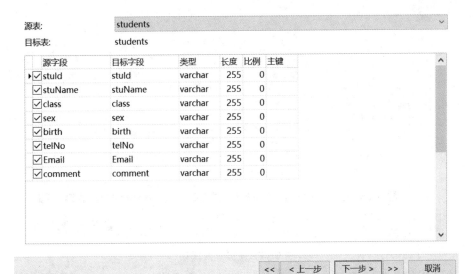

图 9-31　选择目标表

(8) 导入向导对待导入表的列进行了匹配，单击"下一步"按钮，如图 9-32 所示。

图 9-32　匹配目标列

(9) 选择需要的导入模式，单击"下一步"按钮，如图 9-33 所示。

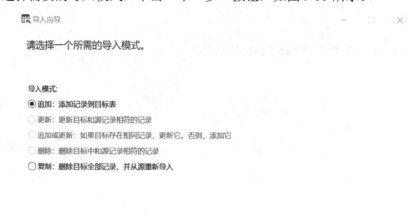

图 9-33　选择导入模式

(10) 点击"开始"按钮，执行数据导入，完成后，点击"关闭"按钮，完成数据导入操作，如图 9-34 所示。

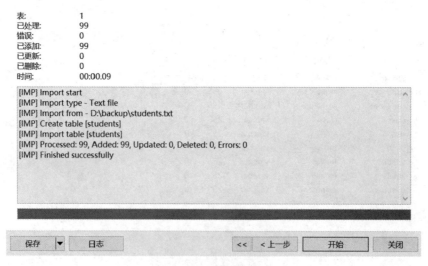

图 9-34　完成导入操作

【练习 9-6】　尝试使用 Navicat 工具将 student 数据库的 courses 表导出到文本文件，并模拟 courses 表发生问题，使用该导出文件将数据导入到 student 数据库。

第 10 章　设计数据库

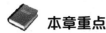

本章重点

(1) 了解数据库设计的一般流程；
(2) 掌握数据依赖的分析方法；
(3) 理解三大范式的要义和应用。

本章难点

理解范式和设计方法，并应用于中小型数据库应用系统的设计和实施。

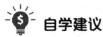

自学建议

按顺序阅读本章内容，注重练习，如有可能，可结合工作中的数据库应用尝试进行设计。

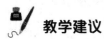

教学建议

特别注意用实例来说明问题，注意让学生先做好逻辑上的设计，然后再上机进行物理实施。强调思考的重要性，避免学生盲目无效的操作。

10.1　了解数据库设计过程

数据库设计是系统设计的重要组成部分。一个数据库应用系统的设计包括很多方面，如业务流重组、软件系统架构等。本书只关注数据库设计，可应用于中小型数据库应用系统的开发，适合数据库初学者学习。

本书介绍的是一种一般化的、简易的数据库设计过程，限于学时，我们只作简明的介绍。要真正领悟数据库设计的要旨，始终需要实践，需要实际设计真正应用系统的经验，书本知识只能作为入门和工作中的指引。

数据库设计过程一般可分为以下四个阶段：

1. 第一阶段：需求分析

需求分析阶段的任务是和客户沟通，了解客户的业务流程，收集业务流程中产生的单据和报表，明确客户核心的功能需求。如有必要，可适当重组客户的业务流程。需求分析是一切数据库系统开发的第一步。一个系统最后能不能用起来，就要看系统设计人员对用户需求的把握。

需求分析要点如下：

(1) 带好笔记本，准备好问题，与客户举行座谈会。一般是和客户的主管领导、相关人员先开一个小会，获得总体信息，然后去一线参观，和一线人员沟通。

(2) 倾听客户的讲解，适时提出问题，引导客户给出自己需要的信息。

(3) 常用的观察点有：

① 客户有多少电脑，用的是什么操作系统和应用软件。

② 客户有什么样的电脑维护人员。

③ 客户当前的资料是怎么组织管理的，有没有很好地编码。

④ 客户有什么样的网络。

……

(4)常用的问题有：

① 针对观察点提出问题，如：你们有多少台电脑？配置是什么样的？

② 你们工作中觉得最麻烦的是什么？

③ 你们觉得当前的系统哪个方面不好？

④ 这件工作整个过程是怎样的？

……

(5) 请客户安排一个适当的人作为联系人，取得该联系人和该客户的主管领导的联络信息。

(6) 给客户一个列表，要求客户提供当前工作中的报表、单据、业务流程、简要说明等资料等。

(7) 不同的客户有不同的沟通方式。有时客户的规模很小，有时客户的规模很大。在实践中，可以感觉到不同客户的沟通方式不同。如写个程序自己用，过程中不需要和其他人沟通；为自己公司设计应用，可以随时和同事沟通，比较方便；当客户的规模很小时，与客户沟通相对容易、简单；当客户的规模很大时，因涉及多部门、多人员，业务也比较复杂，沟通过程会比较费时、耗力。

(8) 沟通并非一次就能完成，应和客户联系人搞好关系，做到无障碍沟通，尽力得到相关的资料。

(9) 尽力把握客户的最核心需求，不要鸡毛蒜皮一把抓，用手工就能做好的事，不要用电脑做。

(10) 业务流程不同，数据库的设计也不同。简单的业务流重组是可以凭专业直觉的，比如，超市上了电脑，盘点、零售结账、销售额统计自然而然就和手工不一样了。

(11) 最后总结出需求文档，包括：简明的任务陈述，核心需求列表，与业务流相称的单据和报表。

2. 第二阶段：逻辑设计

逻辑设计的任务是根据需求分析的结果和所收集的资料，找出相关的实体和属性，建立各表的结构和表间联系，保证数据的完整性等。逻辑设计实际上是分析现实世界，通过总结归纳，明确事件的参与主体及其之间的关系，然后用逻辑结构表达出来，为物理实现做好准备。

逻辑设计阶段需要完成：对象的命名、主题的识别、字段的识别、完整性和约束的设置等任务。

1) 对象命名规则

无论是数据库文件名、表名、字段名，或者其他什么对象的命名，应遵循以下原则：

- 意义明确直观，直接表达被命名对象的内容。
- 字数不要太多，让人一眼看上去大致就明白其中的含义。
- 最好不要用缩写，尤其是非通用的缩写。
- 如果开发人员英文水平较高，可考虑使用英文命名，这样可加快输入的速度。
- 汉语拼音是一个不错的选择，因为有的数据库系统可能不支持汉字。
- 大型的开发一般会采用简短的英文或拼音命名，然后配备完整的文档加以说明。本文的命名规则更适宜中小型系统，命名大量采用直观的本地化文字，这有益于系统的维护。

2) 主题识别方法

主题意味着一项业务、一个实体、一种列表等，一般对应了一个表。比如：学生、课程、选修、教工、职称分类等都可以看作主题。识别主题可从以下方面着手：

(1) 从感觉入手。

一个图书馆借书系统，应该有读者、图书、图书管理人员等；一个进销存管理系统，应该有货品、仓库、供应商、客户等；一个卡拉 OK 点歌系统，应该有歌曲、厅房等；一个影碟出租管理系统应该有影碟、客户、出租等主题。这些都是非常自然的事情，并不需要太多的分析。至于学生选课与成绩管理系统，应该有学生、课程、教师、选修等主题。

(2) 从单据和报表入手。

在单据和报表中，常常隐含着大量的主题信息。因为单据是一种凭据，包含时间、地点、事件、数量、经手人等，是挖掘主题的最重要的资源所在。相对而言，报表所包含的主题信息较少。

(3) 从需求描述入手。

分析需求描述的文字，可以发现隐含的主题。

(4) 从业务流描述入手。

这和从单据入手是一样的，都是从文档中发掘主题，此不赘述。

(5) 在沟通时留意。

和客户沟通时多加留意对方的话，如能记录则更佳，然后像分析需求文档一样分析沟通记录，从中找出主题。

(6) 从分类着手。

通常可以把表分为事务表、基础表、辅助表等类型。

事务表记录事务的发生，如凭证表、单据表等。比如，学生选课管理中，选课是一项事务，相应的表是事务表。进销存管理中，进货、出货、退货都是事务，对应的表均是事务表。事务表的特征包括相关的人、物、数量、时间等属性，事务表的表名一般与动词/谓语对应。事务表的记录需要经常执行增删改操作。

基础表存放相对稳定、与事务相关的数据，如客户、产品、学生、教师、课程等。基础表名常和名词/主语/谓语对应。基础表常被事务表引用，一旦引用，就需要保证参照完整性，不能随意改动。

辅助表存放辅助性数据。比如，在学生选课管理中，每个教师有职称，可把各种职称记录在一个表中，作为辅助表。辅助表比基础表更稳定，变化的概率更小，常用来记录社会化而不是个性化的信息。辅助表中的数据常被事务表和基础表引用。

(7) 从主谓宾陈述模式入手。

读者借阅图书、会员租影碟、学生选修课程，都是主谓宾模式。这种陈述模式是常见的，一般总是意味着三个主题：一个事务，两种事务的参与者，所以至少要三个表。读者借阅图书需要读者表、借阅表、图书表；学生选修课程需要学生表、选修表、课程表。

以上介绍了几种识别主题的方法，在实际工作中，一般会混合应用这些方法。通常应该先明确需求，然后把相关的主题写下来，然后逐步求精，筛去不必要的，增补新发现的。

3) 字段识别方法

有了主题列表，对应着就有了表。那么，每个表要包含哪些字段呢？识别字段，就是要求分析人员对主题体察入微，明了其中的细节和特点，分清楚哪些是我们需要的属性，哪些是不必考虑的属性，同时思考是不是需要根据主题的特点构建字段，思考每个字段的类型和大小，最终建立每个主题的字段列表。

识别出字段后，还得根据现实情况，设计字段的类型和大小。对于未确定平台的应用系统，可用通用型数据类型(如 SQL 标准的数据类型)，或列出字段的数据范围。对于已确定平台的应用系统，可直接使用平台的数据类型。如确定使用 MySQL 数据库，则可以使用本书 2.2.2 节介绍的数据类型。

在主题和字段的识别过程中，应关注客户的需求。当规划好主题及其字段后，应该逐一对照需求，检查当前的设计规划能否切实满足需求。

4) 完整性与约束的设置

在为表设置完整性与约束时，应遵循如下原则：

- 首先使用恰当的数据类型，使数据在类型上得以约束。
- 各表有恰当的主外键，把各个表连接起来。
- 大部分外键约束需要实施参照完整性。
- 大部分外键约束需要实施级联更新。

对字段的约束是明确而十分必要的。要分清责任：是操作人员来实施，还是程序实施，或是数据库实施？只有数据库负责的约束才在数据库中建立。比如，保证课程名称的唯一性可以由数据库来负责，但保证成绩输入正确则应该由操作员来负责，成绩是不是允许负数则应该由程序来负责。

需要注意的是：约束越少，性能越高，用户输入数据时感觉越好。

逻辑设计阶段的输出文档包括：表的说明及其结构描述、字段说明、约束说明和关系图等。

3. 第三阶段：物理实现

根据逻辑设计的结果，在选定的数据库平台上，创建数据库、数据表、各约束条件和表间联系等，并输入一些测试数据，用 SQL 检查核心功能实现的可行性。

物理实现阶段的输出文档包括：数据库物理文件和 SQL 脚本文件。

4. 第四阶段：优化重构

检查设计，逐一对照目前现实的需求和将来可能的需求，尽力找出其中的不足。应进行可用性测试，按设计目标输入足够多的数据，然后进行模拟测试。

现阶段对数据库结构进行修改相对比较容易，如果已经针对数据库进行了大量的编码，那时再修改数据库结构，就可能会对整个软件系统产生影响，所以早改比晚改好。

优化重构阶段的输出文档包括：重构说明书和更新后的一些文档。

10.2　理　解　范　式

逻辑设计阶段，在设计表的结构时需要遵循一些规范，我们将其称之为范式。范式是人们在长期的数据库设计的理论研究和实践中总结出来的规范，有第一范式、第二范式、第三范式和第四范式等。中小型应用一般设计到满足第三范式便可以了。需要注意的是，传统的范式理论比较晦涩难懂，对初学者来说难以学以致用。本书从设计实务出发来讲范式，与传统的形式化的范式理论有所不同。为便于理解，本节的数据表均使用中文来命名。

10.2.1　依赖的概念

1. 依赖

有了 X，便确定了唯一的 Y，称 Y 依赖 X，记为 X→Y。

假如有一张职工表，记录职工的相关信息，表结构为：职工(职工号，姓名，性别，年龄，职务)，其示例如表 10-1 所示。

表 10-1　职工表

职工号	姓名	性别	年龄	职务
01	张三	男	30	经理
02	李四	女	23	CIO

在这个关系中，有了职工号，就可以唯一地确定一条记录。SQL "Select 姓名 from 职工表 where 职工号='01'" 要么没有记录返回，要么返回一条。各字段依赖关系如下：

职工号→姓名，职工号→性别，职工号→年龄，职工号→职务

可简记为：职工号→(姓名，性别，年龄，职务)

【练习 10-1】　学生(学号，姓名，性别，出生年月日)，写出其中的依赖。

怎样才能找出字段间的依赖关系呢？这里给出一个方法——矩阵穷举法，即把每个字段间的关系列出来。如表 10-2 所示，逐行考虑。先看第一行"职工号"，"职工号"依赖哪个字段呢？逐一问答：

(1) 有了"姓名"，可否唯一确定"职工号"？如果姓名唯一，则可以，否则不行。

(2) 有了"性别"，可否唯一确定"职工号"？

(3) 有了"年龄"，可否唯一确定"职工号"？

(4) 有了"职务"，可否唯一确定"职工号"？

(5) 有了"姓名""性别""年龄""职务"的任一组合，可否唯一确定"职工号"？

对于以上各题的分析解答，便可得出所有的依赖关系。对于有依赖的，在交叉点打勾，这样便得到表 10-2。因为"职工号"的唯一性，故一个"职工号"比如"0101"，使用 select * from 职工 where 职工号='0101'，结果最多只可能有一行，可见"职工号"能唯一确定其他字段。

查看表中各列，可以看出，"职工号"这一列最多"√"，所有其他字段都依赖于"职工号"，因此"职工号"可作为主键。

表 10-2　矩阵穷举法：职工表中的依赖

		职工号	姓名	性别	年龄	职务
1	职工号					
2	姓名	√				
3	性别	√				
4	年龄	√				
5	职务	√				

2. 完全依赖和部分依赖

设一个教师任课关系为：教师任课(教工号，姓名，职称，课程号，课程名，课时数，课酬)。该关系给出某个学校每个教师在一个学期内任课安排的情况。假定每个教师可以讲授多门课程，每门课程可以由不同教师来讲授，不同的教师教同一门课有不同的课酬，同一门课不同的老师教亦有不同的课酬(课酬与教师的职称和课程的课时数等有关)。示例表如表 10-3 所示。

表 10-3　教师任课表

教工号	姓名	职称	课程号	课程名	课时数	课酬
01	何成	教授	C001	C 语言	80	1000
02	李明	讲师	C001	C 语言	80	700
01	何成	教授	C002	数据库	60	800

用矩阵穷举法分析，如表 10-4 所示。

表 10-4 教师任课表中的依赖

	教工号	姓名	职称	课程号	课程名	课时数	课酬
教工号							
姓名	√						
职称	√						
课程号							
课程名				√			
课时数				√			
课酬	√			√			

因为"不同的教师教同一门课有不同的课酬，同一门课不同的老师教亦有不同的课酬"，故"课酬"依赖于"教工号"和"课程号"的组合。查看表 10-4 中各列，可以看出"教工号"和"课程号"是关键字段，这两个字段合起来，可以决定其他所有字段，故主键可设为(教工号，课程号)，并有如下依赖：

教工号→(姓名，职称)

课程号→(课程名，课时数)

(教工号，课程号)→(姓名，职称，课程名，课时数，课酬)

由于"教工号"和"课程号"皆为主键(教工号，课程号)的一部分，故称(教工号，课程号)→(姓名，职称，课程名，课时数)为部分依赖。

显然，对于课酬则必须是：(教工号，课程号)→课酬，这种需要整个主键才能决定的依赖称作完全依赖。

如果在设计时要求"课程名"唯一，则有表 10-5。此时，除了前述的分析依然可以成立之外，"课程名"可以代替前述分析中的"课程号"，即：

部分依赖：(教工号，课程名)→(姓名，职称，课程号，课时数)

完全依赖：教工号→(姓名，职称)

课程名→(课程号，课时数)

(教工号，课程名)→课酬

表 10-5 教师任课表中的依赖

	教工号	姓名	职称	课程号	课程名	课时数	课酬
教工号							
姓名	√						
职称	√						
课程号					√		
课程名				√			
课时数				√	√		
课酬	√			√	√		

【注意】

(1) 表 10-5 中"课程号"和"课程名"是对等的,"课酬"依赖"课程号"和"课程名"二选一和"教工号"的组合。为了简化设计,对于已发现的对等字段,可确定一个字段为主用字段,另一个为候选字段。这时重画矩阵,对于候选字段,省略主用字段中已表达出来的依赖。

(2) 尽管(教工号,课程名)是一种选择,但(教工号,课程号)做主键更恰当,因为"课程号"比"课程名"更短小,并且它是用来唯一代表课程的编号。

(3) 只有在主键包含多个列时,才有部分依赖之说,如果是单一字段的主键,则肯定是完全依赖。

【练习 10-2】 如表 10-6 所示的选修表:选修(学号,姓名,性别,课程号,课程名,学分,成绩),一个学生一门课只能选一次,一门课可被多个学生选,其中课程名唯一。指出其中的完全依赖和部分依赖。

表 10-6　选修表

学号	姓名	性别	课程号	课程名	学分	成绩
01	张三	男	C01	C 语言	2	80
01	张三	男	D01	操作系统	3	30
02	李四	女	C01	C 语言	2	80

3. 直接依赖和传递依赖

设一个学生关系为(学号,姓名,性别,系号,系名,系主任名),通常每个学生只属于一个系,每个系有许多学生,每个系都对应唯一的系名和系主任名,其中系名唯一。示例表如表 10-7 所示。

表 10-7　学生表

学号	姓名	性别	系号	系名	系主任名
01	张三	男	1	计算机系	陈遵德
02	李四	男	1	计算机系	陈遵德
06	王五	女	2	经济管理系	谢金生

根据前述所学知识,可以看出"系号"和"系名"为对等字段。选用"系号"作主用字段,则有如表 10-8 所示的结果。

表 10-8　学生表中的依赖

	学号	姓名	性别	系号	系名	系主任名
学号						
姓名	√					
性别	√					
系号	√					
系名				√		
系主任名				√		

查看各列，根据前述所学知识，可以初步认定(学号，系号)作主键，因为根据分析结果，从(学号，系号)唯一可得其他字段。但是"系号"依赖于"学号"，故"系号"可从主键的字段组合中去掉，这样，主键确认为"学号"。依赖如下：

学号→(姓名，性别，系号，系名，系主任名)

学号→(姓名，性别，系号)

学号→系号→(系名，系主任名)

其中，系名、系主任名直接依赖于系号，对学号则是传递依赖。

【练习 10-3】　假如有关系：图书(书号，书名，价格，出版社编号，出版社名称，出版社地址)，出版社名称唯一，其示例如表 10-9 所示。指出其中的直接依赖和传递依赖。

表 10-9　图书表

书号	书名	价格	出版社编号	出版社名称	出版社地址
01	C++	50.00	001	清华	北京
02	Java	26.00	001	清华	北京
07	C#	39	002	人邮	北京

10.2.2　理解第一范式

第一范式：要求数据表中的每个字段必须是最小单元。其中的关键字是"最小单位"。

初学者做数据库设计，最常见的问题是不满足第一范式。不满足第一范式的情况通常有如下三种类型：

(1) 多成分字段(又称复合字段)，它的值中包含两个或多个不同的项。

如表 10-10 所示，地址中包含省份、城市等信息，便是一个多成分字段。

表 10-10　多成分字段"地址"

地　址
广东省广州市北京路 21 号
四川省成都市环市路 102 号

(2) 多值字段，包含相同类型的多个实例。

如表 10-11 和表 10-12 所示，学生表中的字段"参加的社团编号"，便包含了多个社团编号。

表 10-11　学生表

学号	姓名	参加的社团编号
1101	张三	01，02，03
1102	李四	02，03
1106	王五	01

表 10-12　社团表

编号	名称
01	雏鹰文学社
02	读富俱乐部
03	疯狂英语公社

(3) 计算字段，包含由其他字段计算的结果。

比如，在表 10-13 进货明细表中，金额字段是计算字段，金额＝数量×进货单价。

表 10-13 进货明细表

进货单号	明细号	ISBN	数量	进货单价	金额
000001	1	7-115-08115-6	10	30	300
000001	2	7-115-08216-6	10	12	120
000002	1	7-302-09285-0	15	15	225

要符合第一范式，就必须修正这三种字段。

【注意】 计算字段实际上是完全依赖于其他字段的，传统意义上与第一范式没有关系，但是可以归于第一范式，因为它比最小单位还小，并且是冗余的。

下面对这三种字段进行完全的分析，并提出相应的解决方法。

1. 多成分字段

多成分字段难以处理是因为它的值包含两个或多个不同的项目，难以从中提取信息，并且对表中记录按字段值排序或分组也很困难。传统的第一范式主要是解决多成分字段问题。

【例 10-1】 表 10-14 是一个客户表，记录了客户的信息，其中"联络信息"字段包含"长途区号""办公电话"和"家庭电话"，是一个多成分字段。另外，常见的姓名字段其实也包含了姓和名两种信息项。请修正。

表 10-14 客户表

姓名	性别	单位	城市	邮编	联络信息
王明	男	天津大学	天津	300152	022 82310542 64356622
欧阳晶	女	东北化工	沈阳	110021	024 65555555 78888888
欧芹	女	华联商场	上海	2012000	021 77777777 99999999

对于多成分字段，假如它的成分数量是固定的，则可以把各个成分作为独立的字段。修正后的表如表 10-15 所示。

表 10-15 修正后的客户表

姓	名	性别	单位	城市	邮编	长途区号	办公电话	家庭电话
王	明	男	天津大学	天津	300152	022	82310542	64356622
欧阳	晶	女	东北化工	沈阳	110021	024	65555555	78888888
欧	芹	女	华联商场	上海	2012000	021	77777777	99999999

可能有人不同意把姓名分为姓和名，的确，很多时候我们不需要这样做，所以要记住没有什么是绝对的，一切应根据应用的需要而定。

有时候的确需要知道客户的姓，以便自动生成信函之类的东西。这时，假如姓名是一个字段，计算机就无法知道欧阳晶到底是姓欧阳呢还是姓欧。如果有"找出所有姓欧的客户"这样的查询，使用 Select 姓名 from 客户表 where 姓名 like '欧%'这样的查询语句，结果会把姓欧阳的客户也包括进来。但是，针对修正后的客户表重写 SQL，问题很圆满地得以解决：Select 姓名 = 姓 + 名 from 修正后的客户表 where 姓='欧'。

【例 10-2】 表 10-16 的部门表中有一个正主任和多个副主任。请修正。

表 10-16　部门表

部门编号	部门名称	联络电话	主任
1	销售部	22222222	张三(正) 李四(副) 王二(副)
2	采购部	33333333	王五(正)

在表 10-16(1)修正 1 中把各个主任分别作为一个字段，清晰明了，但到底最多有几个副主任不好确定，如果有更多的副主任，就得再增加字段。

表 10-16(1)　修正 1

部门编号	部门名称	联络电话	正主任	副主任 1	副主任 2
1	销售部	22222222	张三	李四	王二
2	采购部	33333333	王五		

表 10-16(2)修正 2 中把主任作为一个表单独列出，这样，无论是多少个主任副主任皆可应付了。同时，在必要的时候，亦可把主任表变为一个员工表，把其他员工的信息也记入其中。

表 10-16(2)　修正 2　部门

部门编号	部门名称	联络电话
1	销售部	22222222
2	采购部	33333333

主任

部门编号	职务	姓名
1	正主任	张三
1	副主任	李四
1	副主任	王二
2	正主任	王五

总体来看，纠正多成分字段的方法有两种：一种是"平展"，即修改现有的表，为每一种成分建立一个字段。比如，把"姓名"平展为"姓"和"名"，把"联络信息"平展为"区号""办公电话""家庭电话""手机"等；另一种是"竖展"，即新增一个表，建立若干个字段，每种成分对应新增表中的一条记录。比如，把各部门的"主任"竖展为一个主任表，每个正的或副的主任在主任表中占有一行。如果一个多成分字段的成分个数是固定的，以"平展"为宜，如果成分个数是变化的且较多，以"竖展"为宜。当然，也有其他的影响因素，需视具体的情况而定。同时，事物是发展的，比如对于"联络信息"，以前只有电话、传真，而现在还有网址、QQ 号、Email 和网络电话号等，如果想记全这些联络方式，使用"竖展"则更好，如表 10-17 所示。

表 10-17 竖展多成分字段"联络信息"

朋友编号	类 别	供应商	值
1	家庭固话	中国电信	22334455
1	小灵通	中国电信	22689911
1	办公固话	中国电信	22337788
1	电子邮箱	网易	baby@126.com
1	即时通	腾讯	667780999
2	网络电话	腾讯	139667780999
2	手机	中移动	13923255007

【练习 10-4】 表 10-18 记录了学生的社会关系，请修正其设计。注意，社会关系包括但不限于父、母、哥和妹。

表 10-18 家庭成员表

学号	姓名	性别	社会关系			
			父	母	哥	妹
1	张二	男	张学	王小玲	张大	张珊
2	李四	女	李一	李珍		李小小

【练习 10-5】 表 10-19 为某公司销售系统的客户表，为了分析公司在各省、各城市的销售量分布，请修正其中的多成分字段。

表 10-19 客户表

客户编号	全 称	简称	地 址
1	广州新大新股份有限公司	新大新	广东省广州市北京路 11 号

2. 多值字段

和多成分字段一样，多值字段有时在小型系统中是允许的，因为简单的数据检索还是可以方便地做到，如表 10-20 和表 10-21 所示，对前文所述的例子，检索哪些学生参加了编号为 02 的社团，可以这样做: select * from 学生表 where 参加的社团编号 like '%02,%'or 参加的社团编号 like '%, 02'。但是，学生表和社团表不能方便地进行内联结查询，要查找参加了"读富俱乐部"的学生有困难，需要使用更复杂的函数甚至编程才能做到。

表 10-20 学生表		
学号	姓名	参加的社团编号
0501	张三	01，02，03
0502	李四	02，03
0506	王五	01

表 10-21 社团表	
编号	名 称
01	雏鹰文学社
02	读富俱乐部
03	疯狂英语公社

【例 10-3】 表 10-20 中"参加的社团编号"是一个多值字段，请修正。

学生表中"参加的社团编号"是一个多值字段，记录了多个社团编号。回顾以前所学的"学生选修课程"关系中，"学生"与"课程"多对多，中间加入一个表"选修"，便可变成两个一对多了。把这种良好的修正办法用于此处，即另建一个"加入表"，包括字段"学号""社团编号"，用于连接学生表和社团表，如图 10-1 所示。在实际的应用中，可能还需要在加入表中记录"加入的时间"等一些相关的重要信息。

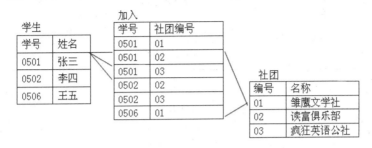

图 10-1　修正多值字段

总体来看，一般用"竖展"的方法修正多值字段，即设计新表，一个值对应新表中的一条记录。

【练习 10-6】 一部电影有多个演员。请修正表 10-22 的多值字段。

表 10-22　电影

编号	名　称	主　演
1	真实的谎言	张三，李四
2	白马王子复仇记	王二麻子，陈红，胡兵

【练习 10-7】 表 10-23 和表 10-24 表达了"会员租影碟"这样的信息，请修正之，在修正方案中，加入租碟时间、还碟时间和费用等重要信息。

表 10-23　会员

编号	姓名	所租影碟编号
01	张三	01，02
02	李四	02
03	王二麻子	01，03

表 10-24　影碟

编号	介质	名　称
01	DVD	断背山
02	VCD	新警察故事
03	EVD	霍元甲

3. 计算字段

计算字段的问题在于数据的冗余，以及需要额外的计算，并可能造成数据不一致。比如表 10-25 进货明细表中，金额必须在数量和进货单价变化时相应地变化。修正的最简单有效的方法是把计算字段去掉，当需要计算时，可通过 SQL 或视图来完成，如把表 10-25 进货明细表修正为表 10-26。也可以使用数据库管理系统支持的计算列。

表 10-25　进货明细表

进货单号	明细号	ISBN	数量	进货单价	金额
000001	1	7-115-08115-6	10	30	300
000001	2	7-115-08216-6	10	12	120
000002	1	7-302-09285-0	15	15	225

表 10-26　进货明细表

进货单号	明细号	ISBN	数量	进货单价
000001	1	7-115-08115-6	10	30
000001	2	7-115-08216-6	10	12
000002	1	7-302-09285-0	15	15

使用 SQL：

    select *, 数量*进货单价 as 金额 from 进货明细

使用 View：

    create view 带金额的进货明细 as

    select *, 数量*进货单价 as 金额 from 进货明细

使用计算列：

    create table 进货明细(…, 进货单价 money, 金额 as 数量*进货单价)

10.2.3　理解第二范式

第二范式：在满足第一范式的基础上，所有非主键字段完全依赖于主键，而不能部分依赖。注意，这里的关键字是完全依赖和不能部分依赖。

表 10-27 是办公时常见的表格形式。由于教工的信息和课程的信息绑在一起，带来大量的数据冗余，数据的插入、修改、删除都会有问题。

插入数据时，如新来了一个教工，还没有安排他上课，他的信息如果录入表中，其相应的课程信息全是空的；同样的，一门课如果还没有安排老师上，则相应的教工信息也是空的。

修改数据时，如修改教工何成的职称，从"副教授"改为"教授"，则需要修改多条记录，这不但浪费计算资源，而且可能带来数据的不一致。对于课程，亦有同样的问题。

删除数据时，删除教工就会删除课程，会影响其他教工的信息或课程的信息。

【例 10-4】针对表 10-27，做以下几点操作：

(1) 写出数据的依赖关系。

(2) 指定主键。

(3) 更正设计。

(4) 把数据转入新设计的表。

(5) 指出新设计的各表的主键、外键及其表间联系。

表 10-27　教工课时费

教工号	姓名	职称	课程号	课程名	课时数	课酬
01	何成	副教授	C001	C 语言	80	20
02	李明	讲师	C001	C 语言	80	10
01	何成	副教授	C002	数据库	60	20

解析内容如下：

(1) 写出数据的依赖关系。

可用矩阵穷举法进行分析，得到以下依赖关系。

教工号→(姓名，职称)；课程号→(课程名，课时数)；(教工号，课程号)→课酬

(2) 指定主键。

由(1)分析可见，主键为(教工号，课程号)，因为所有字段都可依赖(教工号，课程号)。

(3) 更正设计。

更正的方法是，把完全依赖的字段放在一个表中，一共有三个表，分别是：

教工(教工号，姓名，职称)

课程(课程号，课程名，课时数)

课酬(教工号，课程号，课酬)

(4) 把数据转入新设计的表。

新设计的表如表 10-28(1)、10-28(2)和 10-28(3)所示。

注意，虽然原来的表有三条记录，但教工只有两个，课程只有两门。

表 10-28(1)　教工

教工号	课程号	职称
01	何成	副教授
02	李明	讲师

表 10-28(2)　课程

课程号	课程名	课时数
C001	C 语言	80
C002	数据库	60

表 10-28(3)　课时费

教工号	课程号	课酬
01	C001	1000
02	C001	700
01	C002	800

(5) 指出新设计的各表的主键、外键及其表间联系。

教工表的主键是"教工号"；课程表的主键是"课程号"；课时费表的主键是(教工号，课程号)，外键是教工号，课程号。

教工(教工号) 一对多 课时费(教工号)

课程(课程号) 一对多 课时费(课程号)

【练习 10-8】　学生选修课程的信息记录，如表 10-29 所示：

表 10-29　学生选修课程

学号	姓名	性别	课程号	课程名	学分	成绩
01	张三	男	C01	C 语言	2	80
01	张三	男	D01	操作系统	3	30
02	李四	女	C01	C 语言	2	80

(1) 写出数据的依赖关系。

(2) 指定主键。

(3) 更正设计。

(4) 把数据转入新设计的表。

(5) 指出新设计的各表的主键、外键及其表间联系。

【练习 10-9】 一个学生参加多个社团的情况表，如表 10-30 所示。

表 10-30　学生加入社团情况表

学生号	姓名	性别	社团号	名称	成立日期	加入日期	职务
1	王明	男	C001	flash 爱好者	2011-1-1	2011-1-1	理事长
1	王明	男	C004	文学社	2011-2-3	2011-2-10	会员
3	区洁玲	女	C004	文学社	2011-3-3	2011-3-10	会员

(1) 写出数据的依赖关系。

(2) 指定主键。

(3) 更正设计。

(4) 把数据转入新设计的表。

(5) 指出新设计的各表的主键、外键及其表间联系。

10.2.4　理解第三范式

第三范式：在满足第一、第二范式的基础上，所有非主键字段直接依赖于主键，而不能传递依赖。其中的关键字是"要直接依赖"和"不能传递依赖"。

表 10-31 是记录学生信息的表。

表 10-31　学生信息

学号	姓名	性别	系号	系名	系主任名
01	张三	男	1	计算机系	陈遵德
02	李四	男	1	计算机系	陈遵德
06	王五	女	2	经济管理系	谢金生

【例 10-5】 对表 10-31 进行如下操作：

(1) 写出数据的依赖关系。

(2) 指定主键。

(3) 更正设计。

(4) 把数据转入新设计的表。

(5) 指出新设计的各表的主键、外键及其表间联系。

解析内容如下：

(1) 写出数据的依赖关系。

可用矩阵穷举法分析，得到如下依赖关系：

学号→(姓名，性别，系号)

学号→系号→(系名，系主任名)

(2) 指定主键。

因为学号可唯一确定其他字段，因此学号可做主键。

(3) 更正设计。

把直接依赖的字段放在一个表中，得到两个表：

学生表(学号，姓名，性别，系号)

系表(系号，系名，系主任名)

(4) 把数据转入新设计的表，如表 10-32(1)和 10-32(2)所示。

10-32(1)　**学生**

学号	姓名	性别	系号
01	张三	男	1
02	李四	男	1
06	王五	女	2

10-32(2)　**系**

系号	系名	系主任名
1	计算机系	陈遵德
2	经济管理系	谢金生

(5) 指出新设计的各表的主键、外键及其表间联系。

学生表主键是"学号"，外键是"系号"；系表主键是"系号"。

系表(系号) 一对多 学生表(系号)

【练习 10-10】 表 10-33 是图书及其出版社信息。

表 10-33　图书表

书号	书名	价格	出版社编号	出版社名称	出版社地址
01	C++	50.00	001	清华	XXXX
02	Java	26.00	001	清华	XXXX
07	C#	39	002	人邮	YYYY

(1) 写出数据的依赖关系。

(2) 指定主键。

(3) 更正设计。

(4) 把数据转入新设计的表。

(5) 指出新设计的各表的主键、外键及其表间联系。

10.3　数据库设计选题

本节提供了一些数据库设计或实训可用的选题。设计这些选题的目的在于综合运用前面各章的知识技能，进一步深入理解所学的数据库基础知识，从而获得设计真实可用的完整的数据库系统的能力。读者可以将每道选题皆做一下，最后重点放在图书借阅管理的实现上，因为该系统涉及一个数据库系统设计的方方面面。如果应用于企业实践，则可好好研究一下 BOM。

我们将重点放在数据库设计而不是编程。我们认为，编程应该和具体的程序设计语言相结合，而这里完成的是数据库设计，是约束、功能实现的思路和关键的 SQL，至于完整的业务逻辑的实现，应由程序设计课程去完成。

在数据库设计完成后，如果想做完整的系统开发，可以参考相关的书籍。读者可以选择：

(1) 用 ACCESS 做前端，SQL Server 做后端，做 Client/Server 架构下的开发，主要面向基于局域网的应用。使用 ACCESS 极大地提升了开发效率，使用 SQL Server 极大地保证了数据的安全和响应的性能。

(2) 以 SQL Server 做后端，以微软技术来架构服务器，使用 ASP.Net 进行开发，主要面向广域网的应用，如网上售书系统。

(3) 基于 LAMP 框架，以 PHP 为主打语言，MySQL 为后端开发基于互联网络的、Browser/Server 架构下的分布式应用，如连锁超市管理系统、物流管理系统等。

(4) 采用 Java 平台构建 Browser/Server 架构下的应用。

当然，我们可以把设计应用到任何数据库系统，无论是哪个操作系统，哪家公司的产品，都是可以的。我们的焦点是数据库设计，而不是程序设计。

10.3.1 设计图书借阅管理数据库

某校图书馆实行计算机管理，其核心需求是：

(1) 图书管理。图书信息的维护，图书的入库、注销等。注销的原因可能是作废、读者丢失赔偿等。

(2) 读者管理。借书证发放和回收等，读者必要信息的维护。

(3) 借出。不同的读者所能借阅的数量不同；当有超期未还的书时，不能再借。

(4) 归还。超期需罚款。

(5) 预约。当书已被其他人借出，则可预约登记，该书归还时预约人得到通知，通知发出后该书为预约读者保留三天。

(6) 续借。每本书可在所限借期的最后一周续借。

(7) 图书检索。按书名、作者、出版社、主题词等查找，并显示图书当前的状况(在库、借出、注销)。

(8) 其他查询统计：

- 根据编号查阅图书的状况。
- 根据图书编号查出该书目前被谁借去。
- 根据借书证号查出读者所借图书。
- 查出所有超期未还的图书，并按读者分类。
- 查出最近一周即将超期的借出的图书，并按读者分类。
- 某时段内罚款总额的计算。
- 入库半年从未借出过的图书列表。
- 列出最近一年借书次数最多的读者。

请完成：

(1) 设计库表，包括表的结构、字段及其类型、完整性约束等。

(2) 写出实现以上查询的核心 SQL，以验证表的设计是否满足应用要求。

(3) 写出核心功能实现的思路。

(4) 输出相关的文档。

10.3.2　设计网上图书销售管理数据库

无涯书社实现网上售书，想开展以下业务：

(1) 会员服务：会员可注册，登记相关信息；会员登录；会员注销。

(2) 图书查找：可按书名、作者等图书相关信息查找图书。

(3) 目录收藏：对于自己关注的图书，可收藏，以便随时调阅。

(4) 订单管理：会员可下订单，亦可在图书未被发出前取消订单。

(5) 缺书登记：可登记会员的缺书信息。

(6) 图书评论：会员可对图书加以评论，并且可以评分。

(7) 部分阅读：会员可取得提要、目录等。对于一些书，还可阅读前面的第 1 章、第 2 章或更多的章节。

(8) 进货管理：一批书进来后，向登记缺书的会员发送到货信息。

(9) 送书服务：同城直送，其他地方邮寄。

(10) 查询统计：

① 按某段时间的销售额给图书排名。

② 按某段时间的销售数量给图书排名。

③ 当前畅销书排行榜前 10 名。

④ 下单一周还未收到图书的会员及其单号。

⑤ 某段时间各书销售数量和金额合计，以及销售的总金额合计。

⑥ 按某段时间被浏览的次数为图书排名。

⑦ 统计一本书的平均评分。

⑧ 查找购买某本书的会员，以及他同时购买了哪些书。

请完成：

(1) 设计库表，包括表的结构、字段及其类型、完整性约束等。

(2) 写出实现以上查询的核心 SQL，以验证表的设计是否满足应用要求。

(3) 写出核心功能实现的思路。

(4) 输出相关的文档。

10.3.2　设计 BOM 初步——物料需求计算

BOM(材料清单，Bill of Material)是计算物料需求的依据，是 MRPII、ERP 等企业管理系统有效运作的基础，因而，科学精确地构建 BOM 数据库就显得尤为重要。而 BOM 数据库设计的核心，在于如何记录产品和零件的构成。

华宝电器公司是一家生产热水器、电饭煲等小家电的中小型公司，它的产品 A 的组成如图 10-2 所示。

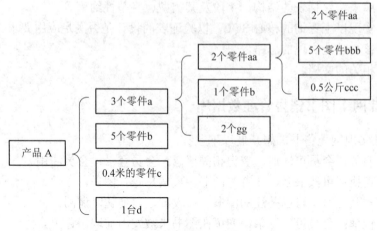

图 10-2　产品 A 的组成

成本如表 10-34 所示。

表 10-34　成本表

零件编号	零件名称	单位	成本
301	aaa	个	10.00
302	bbb	个	2.00
303	ccc	公斤	100.00
201	gg	个	20.00
101	b	个	0.50
102	c	米	200.00
103	d	台	1000.00

其中，零件 aa 和 a 则由采购回来的零件组装。

核心需求是：

(1) 做生产计划。比如，生产 500 台 A，需要采购各种零件的数量和所需的金额。每次计划生产出来的产品，零件构成和成本是一样的，具有同一个批次号。

(2) 快速计算成本。当某个零件采购价发生变化时，迅速计算产品的物料成本。

(3) 一种产品由多少层零件构成是不确定的，并且可能在某个时候发生变化。

(4) 零件的价格经常变化。但是即使目前零件的价格发生了变化，依然要查出以前各个批次的产品的零件构成、价格和产品的物料成本。

(5) 快速查阅每个批次产品的物料成本。

请完成：

(1) 设计数据库和表，记录产品与零件的构成等信息。

(2) 写出核心功能实现的思路和关键的 SQL。

(3) 输出相关的文档。

附　　录

附录1　了解大型数据库通用学习方法

假如在工作中要使用其他的大型数据库软件，如 ORACLE、DB2、PostgreSQL 等，怎么学习才能更快地上手呢？请记住以下几个常识，也许你会更容易掌握。

(1) 标准 SQL。数据库大多支持标准的 SQL，本书所学，基本皆可用。

(2) 关系型数据结构。尽管有面向对象、网状等模型，但关系型数据库目前还是主流，即：库中有表，表由字段构成，表间通过主外键联系，数据放在表中。物理上，则对应磁盘上的文件。

(3) 约束和索引。约束让数据更规范，索引则提升数据检索速度。

(4) 视图、触发器、存储过程、事务。数据库大都支持这些对象。详情请搜索。

(5) 超级账号。数据库系统内置一个超级账号，此身份可对数据库做任何事情。要操作数据库，必须以某个账号登录。账号的权限，决定了你可以做什么。

(6) 前端管理，后端引擎。一般数据库引擎运行在后端，若要进行管理，需通过管理器，即一个用于数据库管理的软件工具。管理器连接后端，以某个账号登录，对库、表、数据、视图、存储过程和触发器等进行创建、修改和删除等各种操作。用户及权限管理、数据库备份和还原等，亦大都在此进行。

(7) 数据库官方网站，大都可以提供免费版本进行学习。

由此，可看到一般大型数据库的学习路径：在官方网站下载软件；安装，记下超级用户名和密码；进入管理器，连接数据库系统，进行学习。当然，若能借上一两本资深人士写的书以作指导，则可以学得更快。

附录 2　了解大数据时代的数据处理技术

20 世纪 70 年代，IBM 公司的研究员 Ted Codd 在论文《大型共享数据库的关系数据模型》中首次提出基于表、行、列、属性等基本概念的关系模型，将现实世界的实体及其关系映射到表中，并为关系模型建立了严格的关系代数运算。关系模型因其易于理解，很快就在世界范围内引起广泛关注。研究人员投入了极大的热情致力于关系数据模型相关技术的研究。

1974 年，结构化查询语言 SQL 作为 IBM 公司的原型关系数据库系统 System R 的一部分被开发出来。SQL 易学易用，用户只需要告诉数据库系统要做什么，而不需要告诉系统怎样去做，由此使得 SQL 成为数据处理领域的国际标准。

容易理解的数据模型、易学易用的查询语言、高效的优化器、成熟的技术使得关系数据库技术和产品在几十年间占据了数据库业界的绝对统治地位。IBM、Oracle、Informix、Sybase、微软等公司开发的关系数据库管理系统创造了庞大的数据库产业，每年产生了巨大的市场价值。

然而，随着互联网的飞速发展，人们越来越多的行为在网络中发生，电子商务、社交网络等应用产生了大量的相关数据，使得数据处理的问题变得越来越复杂。例如，大型的电子商务系统因用户数量和交易量巨大，积累了相当庞大的数据量。淘宝网每天新增的数据量超过了 20TB(1TB=1024GB)。社交网络每天的数据产生量也非常惊人。以 Facebook 为例，目前全球大约 44%的网民使用 Facebook，每天有超过 5 亿的用户登录，每天新增 25 亿条分享内容，新增 32 亿条评论、27 亿次点"赞"和 3 亿张上传照片。海量用户的使用给社交网络在数据存储、分析、处理等方面带来了新的挑战。

如今，我们已身处"大数据"时代。大数据之"大"表现在：

- 数据的容量大，从 TB、PB 甚至到 EB 级别(1PB = 1024TB、1EB = 1024PB)。
- 数据类型多样，从结构化数据到半结构化数据甚至非结构化数据。例如，互联网中积累了大规模的非结构化数据，包括各种类型的文档、媒体文件等。
- 数据生成速度快，要求数据实时处理的速度快。我国铁道部的网络售票系统 12306 在春运期间、淘宝等电子商务网站在"双十一"大促销期间，每时每秒都会产生庞大的交易数据。这些交易数据要求系统以最快的速度进行处理。
- 庞大的数据量蕴含着巨大的价值。通过对数据进行有效的分析，可以挖掘出数据背后的有用信息。例如，电子商务网站通过对用户交易数据的分析，将对商品推荐、促销策略设计、广告投放等行为产生直接的引导。通过对社交网络的数据进行分析，有助于政府把握民意、了解社会热点、改善管理水平、及时化解社会矛盾。

发展到现今，大数据的复杂程度已远远超出了传统关系数据库技术能够处理的能力。具体表现为：关系模型不容易组织和管理类型多样的数据；在关系数据库上进行大规模的事务处理性能不佳；关系数据库现有的数据分析、数据挖掘工具所能处理的数据量小等。为解决这些问题，数据库业界投入了巨大的精力来研究大数据的存储、分析和处理等问题。

研究人员对关系数据库系统进行了一些改进，例如对关系数据库进行分割，将数据分布到多个服务器上，对应用程序进行修改以便支持查询的路由选择，利用多个服务器分担负荷来提高系统性能。这些技术增强了关系数据库系统的数据处理能力，但是还不能完全应对大数据带来的数据规模巨大、数据类型多样等问题。

近年来，NoSQL 技术异军突起，蓬勃发展。NoSQL 泛指与一切关系数据库不同的一类技术。NoSQL 技术在设计时首要考虑的问题是如何对大数据进行有效处理。NoSQL 解决问题的基本思路是：通过大量节点的并行处理获得高性能，对各个节点的数据进行备份以应对节点失败的状况，允许数据出现暂时的不一致，接受最终的一致性。

基于这样的设计理念，各种 NoSQL 系统被研发出来。其中，最著名的应用当属 2004 年 Google 公司提出的 MapReduce 技术。MapReduce 是一套软件框架，采用分布式文件系统存储数据。分布式文件系统运行于使用廉价机器构建的大规模集群上。MapReduce 将数据处理过程分为 Map(映射)和 Reduce(化简)两个阶段，通过对海量数据进行分割，将其分割成若干部分，交由多台处理器并行处理，再将处理器处理后的结果进行汇总操作，从而得到最终结果。

自 Google 发布 MapReduce 技术以来，MapReduce 表现出强大的生命力，一大批围绕 MapReduce 技术创建的新公司提供了大数据处理、分析和可视化的创新技术和解决方案。传统的数据库厂商(如 Oracle、微软等)也纷纷发布了 Big Data 技术和产品战略。围绕着 MapReduce 技术，新的数据分析生态系统正在形成。

可以说，在大数据时代，传统的关系数据库系统和 NoSQL 系统既存在竞争，也发挥了良好的互补作用。关系数据库系统在传统行业，如金融、电信业仍然能很好地工作。而在关系数据库系统不适合的领域，NoSQL 系统则表现出良好的性能。如何将两种技术融合，设计同时具备两者优点的技术架构，是大数据处理技术未来的研究趋势之一。

参 考 文 献

[1]　王珊，萨师煊. 数据库系统概论[M]. 北京：高等教育出版社，2006.

[2]　MySQL 官方文档. https://dev.mysql.com/doc/.

[3]　胡同夫. MySQL 8 从零开始学[M]. 北京：清华大学出版社，2019.

[4]　刘华贞. 精通 MySQL 8[M]. 北京：清华大学出版社，2019.

[5]　武洪萍，孟秀锦，孙灿，等. MySQL 数据库原理及应用[M]. 2 版. 北京：人民邮电出版社，2019.

[6]　郭华，杨眷玉，陈阳，等. MySQL 数据库原理与应用(微课版)[M]. 北京：清华大学出版社，2020.